JN115288

現代農村の

地理学

岡橋秀典著

古今書院

Contemporary Rural Geography

OKAHASHI Hidenori

ISBN978-4-7722-3194-7

Kokon Shoin Publishers Ltd.Tokyo, Japan, 2020

まえがき

本書は，日本の農村の現状と課題，そしてその将来について，人文地理学の立場から論じたものである。現代の農村には様々な学問分野が関わるが，ここでは，地理学の特性を活かして，空間を軸に多面的に捉える見方，コミュニティから地域，国，グローバルに至るマルチスケールの視点，地域を再編成するダイナミズムなどに特に留意した。

本書は学部レベルの教科書を想定している。翻訳書を除けば，日本では農村を対象としたこの種の地理学関係の書物はなかったように思われる。関心を持つ学生諸君が多いにもかかわらず，この分野の書物がないのは，残念なことであった。このことが浅学非才を顧みず，筆者が本書の出版に踏み切った大きな理由である。

学生諸君にとって農村は今や自明の存在ではなくなっている。農村出身者が少なくなり，しかも農村を知らない人が増えている。それゆえにこそ，現代の農村とはどういう存在なのかを，論じる意義があると言えよう。その際，地理学専攻生ではない読者層も念頭に置き，地理学の周辺の学問分野の成果にも可能な限り配慮した。

本書が果たして当初の目的に沿ったものになり得たかは心許ないが，読者を農村地域研究の世界へ誘うことができれば，望外の喜びと言わねばならない。

この本を出版する決心をさせてくれたのは，奈良大学で講義をする機会を得たことであった。熱心に聴講する学生諸君の存在が私の決断を後押ししてくれた。まずこの点に深く感謝したい。さらに，本書には多くの図表を引用させていただいている。快諾いただいた著者の皆様方に心より御礼申し上げる。

最後に本書の出版に際して，古今書院の原　光一，鈴木憲子の両氏に大変お世話になった。ここに記して感謝の意を表したい。

奈良大学の山陵キャンパスの研究室にて

2020 年（令和二年）7 月 31 日　岡橋秀典

目　次

第1章　現代の農村

1. 我々と農村との接点

現代を生きる我々にとって，農村とは一体どういう存在なのだろうか。少し前ならこのような問いはあまり必要がなかったかもしれない。それは都市住民であってもその多くが農村出身者であったからである。ところが，高度経済成長期の都市への大量の人口移動により，今や若い世代の中心は大都市で育った人口である。そのような人々にとって，農村は決して自明の存在ではなくなっている。

そこでまず読者の皆さんに，図1-1を手がかりとして，自らの農村との接点を考えていただきたい。現在居住している（あるいはこれまで主に居住していた）地域を，便宜的に農村，都市の郊外地域，都市の3つに分けて考えてみた。

現在農村に居住するケース（①）では，日常的な農村との接点が最も大きく，その分，農村像も具体的であろう。しかし，このケースでも，農家か非農家か，また農家でも専業か兼業か，その居住地域が大都市圏か非大都市圏かで，体験する農村の内容にはかなりの差があるに違いない。

次に，都市の郊外地域に居住するケース（②）である。この場合には，近くに農村景観が広

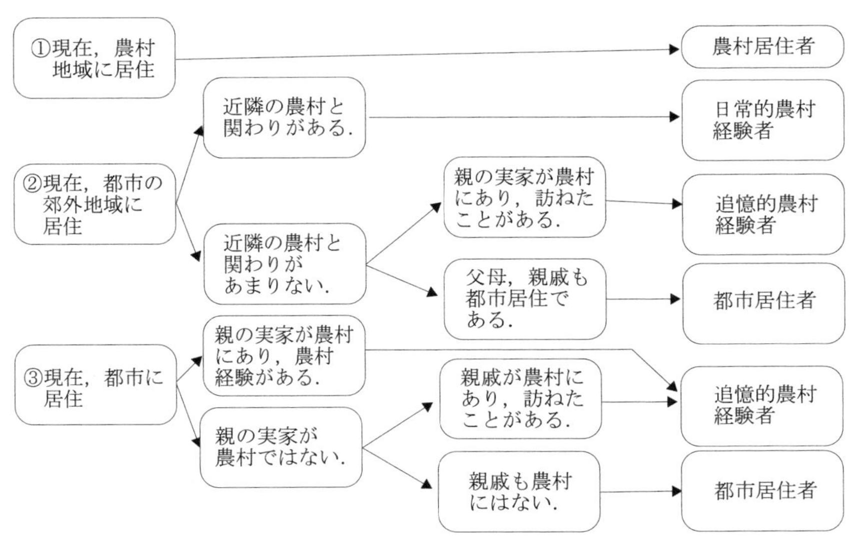

図1-1　私と農村との接点（著者作成）

がるにしても，そこが果たして農村と言えるのかどうかといった戸惑いをもっているに違いない。農地に囲まれた小規模な団地に居住し，農家に友人がいる場合には農村との接点はより深まるかもしれないが，大規模な住宅団地のように生活や社会関係が地域内で完結している場合には農村との接点が少なくなり，農業を営む旧住民の集落との間に断絶を感じる場合さえあるだろう。

3つ目は，都市居住のケース（③）である。この場合，両親の実家，つまり祖父母の居住地が農村であれば，里帰りを通して，特に幼少期に農村が直接的に体験されることがよくある。しかし，祖父母，親戚も都会に住んでいるという場合には，農村との接点は弱くなり，農産物や食，観光といったより間接的なものが中心となる。

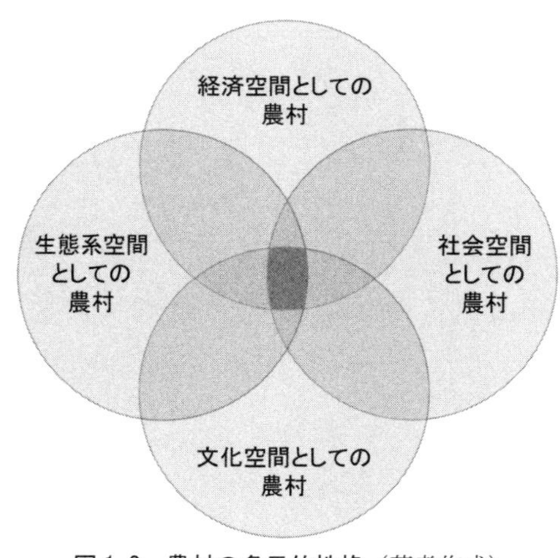

図 1-2　農村の多元的性格（著者作成）

このように農村体験が多様化している中では，そもそも農村という用語に戸惑いを覚えることが少なくないはずである。農村との直接的接点が少ない人はどのように農村を捉えているのだろうか。そこでは，テレビ，新聞などのメディアを通した間接的な農村との接触が大部分で，それらを通じて農村が語られることになる。「田舎」,「ふるさと」,「田んぼが広がった土地」,「過疎化」，「暗い」，「自然が豊か」，「のどかな場所」，「ゆっくりとしたときのながれ」など，そこには日常の生活と離れた農村らしさの追求がなされているが，画一的なイメージに彩られている。

たとえ，農村と直接の接点がなくても，農村は私たちの生活と密接に結びついている。例えば，食料などの農業生産をはじめとして，観光や余暇の場，国土の保全機能，文化の維持機能などである。それゆえ，農村が存在しなければ我々の生活はどうなるだろうか，このようなことを想像することによって農村の存在意義を確認することができるだろう。

かつては，経済空間としての農村（農林水産業），社会空間としての農村（村落社会），文化空間としての農村（伝統文化），生態系空間としての農村（農地や森林などの自然環境）が，すべて重層する形で農村が存立していた（図 1-2）。今日ではそのような農村を見つけることは難しく，それぞれが必ずしも重ならない不整合な状態が一般化している。例えば，農地や森林に囲まれた農村であっても，経済的には農林水産業に依存しないケースが広くみられる。それゆえに，自明でなくなった，このような地域の特質を学問的に追究する必要がある。その際，ある場所はどういうところかを地域概念を用いて明らかにする，地理学のアプローチが有効であるといえよう。

2. 農村とは

農村とは，通常「住民の多くが農業を生業としている村落」（『広辞苑』）であり，『地理学辞典』では，「村落の中で，その住民の経済生活の基礎を主として農業に置くもの」（日本地誌研究所, 1989）とされている。文字通り農業村落という理解である。農村の上位概念である村落は，「人類の社会生活の根拠である集落の 1 類型で都市に対するもの。村落は都市に比べて土地とのつながりが強く，比較的小さい人口集団をもって構成されている」（日本地誌研究所，1989）であり，ここでは，集落の 2 類型として都市と村落があり，村落の中の 1 類型として農村が理解されていることになる。村落を主な生業で分けた場合の分類，農村，林村（林業村），漁村がその根拠となる。村落を地理的位置で分ければ，平地村，山地村，臨海村となるが，日本ではこの生業と位置の基準を混合して用い，農村，山村，漁村の 3 分類や農山漁村と総称することが多い。『人文地理学事典』（人文地理学会編，2013）でも，地域にアプローチする地理学として，都市を研究する地理学とともに，農山漁村を研究する地理学をあげている。日本では農村，山村，漁村という分類が村落の多様なあり方に適合しているといえよう。

農村が上記のような生業による分類に根拠をもつとすると，今日，そのような農村は先進諸国ではきわめて限られた存在になる。しかしながら，現実には都市と農村の二分法的捉え方に従い，都市の対語として農村が頻繁に用いられている。

村落は「農村・漁村などで人家が集まっているところ」（『言泉』），「屋敷，家屋の集合という形態面に力点」（浮田編，2003）とする辞典もあり，居住空間の意が強く含まれている。それゆえ，集落を超えた広い地域を扱うには，集落の意が強い村落ではなく，農村（Rural）を用いる方が適切といえよう。

日本で農村が意識的に使われるようになったのは, クラウト（1983）によるところが大きい。そこでの農村の定義は,「可視的諸要素により農村地域（rural area）として共通に認識される低人口密度地域」であり，要するに「非都市地域」の総称として農村が用いられている。本書における農村は，このような意味で用いることにする。

3．農村の成立と展開－人類史的視点

現代の農村について考える時，人類が作り上げてきた地域構造の歴史的展開の中に農村を位置づけ，その成立とその後の変化の過程をみておく必要がある。

表 1-1 は, 人類史における地域構造の変化と農村の特質を, 伊藤（1984）とクラヴァル（1984）の成果をふまえ，古代社会，伝統社会，産業社会，脱工業化社会の 4 つのタイプに分けて示したものである。人類史の地域構造は，大きく自然経済の地域構造（古代社会，伝統社会）と商品経済の地域構造（産業社会，ポスト工業化社会）に二分される。自然経済は基本的には自給自足のシステムであり，交換は補完的にのみ行われ，それゆえ，生産と消費は未分化であった。これに対して，商品経済は交易を第一義とするシステムであり，分離した生産と消費は市場を通じて迂回的に結び付けられるのが特徴である。

古代社会では狩猟採集に依存していたため移動集落が基本であったが，伝統社会に入ると農業が成立し，一定の空間で生産を持続的に行うことが可能となった。これによって初めて定住集落としての農村が成立したのである。しかし，未だ農村と都市は異質な空間であった。都市

表 1-1　人類史における社会の発展と農村の特徴

事項別特徴	自然経済		商品経済	
	古代社会	伝統社会	産業社会	ポスト工業化社会
①地域構造	移動集落	都市と農村の二元性	都市化と都市圏	中心と周辺(巨大都市と都市ネットワーク)，グローバル化
②基軸産業(生業も含む)	狩猟採集	第 1 次産業	第 2 次産業	第 3 次産業
③地域社会の存立基盤	自然生態系	自然生態系	工業，商業	金融，流通，情報
④自然生態系との関係	順応(狩猟採集)	部分的改変(農業)	影響力の拡大（鉱工業，農林水産業）	地球規模の破壊（工業，都市生活，地球温暖化）
⑤農村の存在形態	未成立	農村の成立，自立的農村	農村の都市化と過疎化	周辺地域化
⑥農村経済	未成立	農業，手工業	農林水産業（商品経済化）	非農業化（工業，建設業，サービス業など）
⑦農業	未成立	自給的農業	商業的農業	粗放化と集約化(高付加価値化)，農業の多面的・公益的機能

注）著者作成

は支配の拠点であり，食料を生産する農村に寄生する存在でもあった。それゆえ，都市の拡大は農村によって，ひいては自然生態系によって抑制されていた。自然生態系の規制力が強く，人間の環境改変は部分的なレベルに留まっていた。

しかし，自然経済から商品経済に移行し，産業革命を経て工業が飛躍的に発展する産業社会に入ると，都市は工業を基盤として自立的発展力をもつようになり，急速な成長をとげる。それにともない，農村は都市の影響を強く受けるようになる。都市の農産物市場の拡大に対応して，農業の商品経済化が進み，労働市場や土地市場を通じてその労働力や土地が調達され，農村は都市によって編成される存在になった。市場経済のもとで交易が第一義となり，地域社会の存立基盤も広域化して，農業にせよ工業にせよ人類の活動が生態系の再生産の限界を超えてしまい，環境を破壊する事態が起こった。

わが国ではこのような産業社会化が明治以降徐々に農村に浸透したが，全国土的に一般化したのはようやく第二次世界大戦後の高度経済成長期であったと考えられる。この時期になってはじめてわが国の農村は，伝統社会から引き継いだ構造を根底から揺すぶられることになった。ポスト工業化社会に移行する現代の地域構造は，従来の都市と農村に代わる中心と周辺の新たな二元性，巨大都市の成長と都市ネットワークの発展を特徴としている。しかも，それらはグローバルなスケールで展開している。農村の自律性は弱まり，それは経済を中心に，社会，文化のレベルにまで及んでいる。農村の多くは中心地域に統合され従属する周辺地域としての性格を強めているのが特徴といえよう。

その最も大きな要因として経済面での非農業化がある。農村といえども，工業や建設業，観光サービス業等を通して都市を中心とした全国土的な分業体系に位置づけられている。こうした経済の変化によって，農村では，土地利用では農林業空間が卓越しながらも，耕作放棄や人工林の放置のように，生産を通じた維持が困難となり，景観の荒廃をまねいている。農業自身は，グローバル化による競争の中で，粗放化と集約化（高付加価値化）の 2 つの動きが並存することになる。その過程で農業は，多面的機能の主張や有機農業の展開を通して，景観や環境との関係を強めてくる。

農村の社会と文化にも大きな変化が現われた。伝統社会では，社会的規制により生態系の再生産を可能とした村落共同体が，産業社会化の中で弱体化し，今日では多くの農村で都市住民が流入して混住化社会を形成している。旧来からの農村住民も兼業化，脱農化の進行により，その生活形態や意識面で今や都市住民と大きく変わらぬ部分が増えている。文化面では，都市文化の優越の中で，農村文化の独自性が崩壊し，その一方で農村性が外部から発見されるようになった。世界遺産のように，グローバル化が農村景観や文化の再評価にも影響を与えている。そうした中で，農村居住が再評価され，田園回帰と名付けられる人口流入の動きが認められるが，他方，人口の再生産が難しくなり，将来における自治体の消滅が予想されるケースも少なくない。

日本農村は 20 世紀に大きな変貌を遂げ，総じて衰退傾向を強めた。我々が生きる 21 世紀にはどのような道をたどるであろうか。自然生態系が卓越する低人口密度地域としての農村の特性が再び評価されるのであろうか。本書を通して考えてみたい。

［引用文献］

伊藤喜栄（1984）「経済の地域構造」（浮田典良編『人文地理学総論』朝倉書店）.
浮田典良（2003）『最新地理学用語辞典－改訂版－』原書房.
クラウト，H.D. 著／石原　潤・溝口常俊・北村修二・岡橋秀典・高木彰彦共訳（1983）『農村地理学』大明堂.
クラヴァル，P. 著／山本正三・高橋伸夫・手塚　章共訳（1984）『新しい地理学』白水社.
人文地理学会編（2013）『人文地理学事典』丸善出版.
新村　出編（2008）『広辞苑　第六版』岩波書店.
日本地誌研究所編（1989）『地理学辞典　改訂版』二宮書店.
林　大監修（1986）『言泉　国語大辞典』小学館.

第2章　農村地理学とは

1．農村地理学とは

地理学における農村地域の研究は，古くから集落地理学や農業地理学，文化地理学など多くの系統地理学の分野で行われてきた。その中心的な分野であった集落地理学では，集落の形態（景観）や立地を主たる研究対象としており，都市よりも，地域的多様性を呈する村落に主眼を置いた研究がなされていた。

集落地理学で農村を研究領域とする場合は，村落地理学と称されることが多い。村落地理学は集落とその土地利用および村落社会に限定される傾向があるが，現代日本の農村における地理学的諸現象は個別の村落を対象にしていては今や論じ切れなくなっている。それゆえ，積極的な意味で農村地理学を使うようになった（石原，2003）。ここでの農村地理学は，農村における地域の構造や特質，問題を総合的に把握することを目的とする分野であり，現代農村を経済，社会，政治，文化などの幅広い要素からとらえ，しかも計画や問題といった実践的課題にも踏み込むところに特徴がある（浮田，2003）。

現在の農村地理学は，図2-1の地理学の体系に示されるように，都市地理学や開発地理学と並んで，地域研究への指向性が強い分野として位置づけるのが適切であろう。その際，農村の複合的諸事象を構造的に把握するために，地域性を的確に捉えうる地域概念を重視する必要がある。

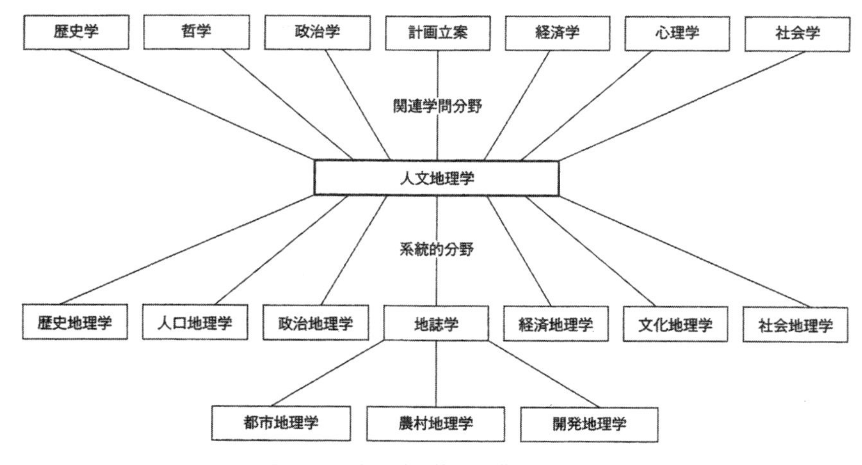

図2-1　地理学の体系と農村地理学
（マシューズ＆ハーバート著／森島　済・赤坂郁美・羽田麻美・両角政彦共訳（2015）『地理学のすすめ』丸善出版）

現代の都市と農村は，明確な境界で区切られておらず，両者が相互に深く浸透し一体化している。そうした時代の農村とはどのような存在であろうか。空間的に明確に識別できなくなっている農村をどのように捉えたらよいのか。このように，見えにくくなっている農村空間の特質を明らかにし，それらについての理解を深め，よりよい国土空間の整備のあり方を考えることが求められている。このような課題に応えるのが，現代の農村地理学であるといえよう。

以下，人文地理学における日本農村に関する研究が，集落地理学から離れて農村地理学として独立していくプロセスをみてみたい。より詳細なレビューについては，本章が主に依拠している岡橋（2000）を参照されたい。

2. 集落地理学からの脱皮

村落を対象とした集落地理学は戦前に，砺波平野の散村研究に代表されるように集落の形態的側面を中心に大きな成果をあげた。戦後になるとそのような従来の研究が集大成されるとともに，集落の機能論をも包含する形で新たな展開をみせる。それを象徴するのは，大阪市立大学の一連の総合調査（大阪市立大学地理学教室，1969）であり，戦前に散村起源論争で注目された砺波平野で，集落形態のみならず，土地所有，人口，農業経営，同族などの新たな側面の考察が行われた。

しかし，現実の農村は外部との広域的な結びつきを強めていった。人口，経済，交通面などに現れたこのような側面を研究することは，従来の集落地理学の枠を超えるが，それらを導入したとしても，経済地理学など他の系統地理学との関係が問題となる。しかも，村落に比べて都市の研究が急速に増大していく中で，集落地理学の一体性も問題になってきた。このように集落地理としての村落研究の矛盾が表面化してくる中で，村落の研究を村落社会地理学として社会地理学のもとに統合し，集落地理学から脱皮しようとする新たな動きが現れた（喜多村・榑松・水津，1957）。

農村の社会的側面への関心の高まりは，地理学内部における社会地理学の動向に導かれたものであったと同時に，他の社会科学の発展にも影響されたものであった。とりわけ，当時の農村社会学は，戦後日本社会の民主化を念頭に置いて，農地改革をはじめとする戦後改革の農村への影響と農村における「封建遺制」の残存状況を把握するという実践的役割を担っていた。その代表的成果として，日本村落の社会結合に講組結合と同族結合を見出した福武（1949）がある。

このように学際的に村落への関心が高まる中で，地理学独自の視点が大きな課題となる。それに応えたのが榑松（1957）であり，変貌する村落の実態から地域進化の法則性を見出すこと，そのために全国的視野から村落類型を設定することを提起した。斬新な問題提起であったが，その達成は容易ではなかった。その理由は，高度経済成長期の著しい村落変化が，「社会生態の場としての環境と社会生態の主体としての人間集団とが一体を成す動的な秩序」（榑松，1957，p.54）とした村落の枠組みを無力化させていったことにあると考えられる。

こうした中で，村落社会地理学の関心は，むしろ現実農村の変化しない部分，さらに言えば過去の伝統的村落に向けられることになった。この方向に影響を与えたのが，社会集団にとって最小の統一された「生活空間」である基礎地域の研究を課題に掲げた水津（1964）であった。この基礎地域論は，浜谷（1988）にまとめられているように，村落地域において基礎地域の存在を実証的に同定する研究から，さらに村落領域の地理的意義を追求する研究へと展開していった。

3．高度経済成長下の農村変化と地理学

高度経済成長期には，日本の農村の一部は都市化や工業化の直接的影響にさらされた。そのため，土地利用や農業などを軸に，農村景観がどのように変化したか，その実態を把握する研究が活発に行われた。しかし，これらの研究では以下の理由で変化する農村の性格を十分に把握しえなかった。すなわち，それらが依拠していた都市化概念が，都市・農村連続体に沿ってある地域社会が農村から都市へと変化する過程を指すにとどまっていたこと，また社会構造や社会関係といった社会的要素への関心も薄かったことによる（高橋，1997a）。

他方で，研究の枠組みをより明確にして農村の変容を捉えようとしたものとして，野沢（1969）や青木（1985）などの都市農村関係論の研究がある。これらは主にフランスにおける研究に触発される形で日本における実証研究を進めた。都市の影響の下での変動を組み込んだ，この地域概念により，近代以降という時間軸で日本農村の変化が説明された。しかしながら，その枠組みでは農山村の過疎化のような急激な変化を十分に捉え得なかった。

基礎地域論や都市農村関係論といった明瞭な理論的基盤をもった研究の一方で，高度経済成長の下で変動する農村を様々な方法で捉えようとする研究が1960年代中頃から大きな流れになった。全国的な農村空間の区分を行った山本ほか（1987）はそれらの1つの集大成といえる。また，最も多くの研究蓄積がみられたのは当時社会的な注目を集めた過疎山村であり，同じく激しい変動にさらされた都市近郊農村の研究はあまり進展しなかった。このようなアンバランスが生まれたのは，青木（1989）によれば，村落の変化を村落の衰退に結びつける方が，都市近郊農村のように新たな要素を伴う変化よりも理解しやすかったからであった。

確かに1960年代後半から1970年代には，過疎化する山村を対象に集落地理学に立脚した廃村や挙家離村の研究がもっとも多くの成果をあげた。しかし，その後過疎問題が顕著になると，それまでのような山村集落の変化にとどまらず，山村地域の問題を捉えるために広く山村の経済社会を包含する視点が要請されてくる。その結果，1980年代以降になると，経済地理学や社会地理学，文化地理学，さらに隣接諸科学の成果が導入され，藤田（1981）を代表として山村地域変動の全体像に迫る研究が行われた。さらに1990年代に入ると，岡橋（1997），宮口（1998），西野（1998）など，地域振興や地域づくりといった，政策に関わる主体的な動きも注目されるようになった。

こうして，山村研究はわが国の農村地理学でもっとも多くの蓄積をみた領域といえよう。その展開過程には人文地理学の農村地域研究全般に資する点が読み取れる。特に注目されるのは，従来の集落地理学にこだわらず，他の系統地理学や他の学問分野の成果を積極的に取り入れて

表 2-1　地理学者による村落研究文献数の近年における推移（1977 － 2006）

	第 7 集 (1977 – 1981)			第 8 集 (1982 – 1986)			第 9 集 (1987 – 1991)			第 10 集 (1992 – 1996)			第 11 集 (1997 – 2001)			第 12 集 (2002 － 2006)		
小項目	単行本	論文	計	単行本	論文	計	単行本	論文	計	単行本	論文	計	単行本	論文	計	単行本	論文	計
村落一般	2	15	17	7	25	32	5	15	20	2	12	14	1	10	11	2	14	16
村落社会・構造	1	18	19	1	26	27	3	33	36	1	36	37	2	38	40	0	17	17
農　村	0	16	16	2	21	23	7	25	32	7	31	38	7	37	44	5	39	44
漁　村	0	2	2	1	9	10	1	11	12	0	5	5	0	3	3	0	5	5
山　村	3	32	35	1	29	30	0	31	31	1	37	38	6	34	40	3	35	38
過疎・廃村	0	7	7	0	14	14												
外国の村落	1	30	31	0	22	22												
計	7	120	127	12	146	158	16	115	131	11	121	132	16	122	138	10	110	120

（石原（2003）の表 A1-2 に第 11 集と第 12 集の集計結果を付け加えて著者作成）
注：地理学者と判断される著者による文献のみを数えた.
資料：人文地理学会編『地理学文献目録』各集.

考察を深めた点であろう。

表 2-1 に近年の村落研究文献数の推移を分野別に示した。総数では，1980 年代の前半に最も多くの文献が発表されているが，その後大きな変化はなく，傾向的に減少する動きは認められない。小項目別にみると，農村の研究が累積で最も多いが，山村の研究，村落社会・構造がそれに続く。2000 年代に入ると，農村・山村に比べ，村落社会・構造の研究成果が減少している点が注目される。

4．農村地理学の成立

1980 年代には，この山村研究以外にも新たな動きが出てくる。リバイバルをとげたイギリス農村地理学の成果の翻訳の刊行であり，日本の研究者に多くの刺激を与えた。クラウト（1983）は，従来の農村集落の研究ではない，現代の農村問題を射程に収めた農村地理学という新しい分野を提起した。ルイス（1986）は農村研究に地理学の新たな方法論の導入を行った。パッショーン（1992）は一定の研究蓄積を得た農村地理学について，主要なテーマと研究動向をまとめた。

このようなイギリスでの動きに支えられて，日本でも農村地理学が学界で市民権を得るようになった。このアイデンティティのもと，多変量解析などの計量的手法，農村空間分化のモデル，時間地理学など，新たな方法論を導入した研究が目立つようになった。

例えば，研究が停滞気味であった都市近郊農村についても，混住化の概念に着目して新旧住民の関係を軸に都市近郊のコミュニティの特質を明らかにする研究が盛んになった。高橋（1997a）は，混住化を都市近郊農村の地域社会変動という大きな枠組みで論じた。しかし，これらの都市近郊農村の研究は圧倒的に社会的側面に注意が向けられ，経済的側面はあまり論じられなかった。都市空間に包摂されているにもかかわらず，土地問題や土地利用に焦点を当てた研究は少なかった。

現代農村の社会変化を扱う研究の一方で，伝統的村落社会に焦点を当てた新たな分野が登場してきた。村人の認識する空間の諸相を扱う「村落空間論」がそれである（八木，1998）。このような関心は，部分的に1970年代からあったが，大きな流れになるのは1980年代に入ってからである。この方面の研究は，その対象や方法によって，村落領域論，境界論，民俗分類研究，象徴空間論・世界観研究，方位観研究，場所論，社会空間論の7つに大別される（今里，1999）。このように広範な内容を持っており，それゆえ，民俗学，日本史学，建築学など多くの学問分野に関わる学際的分野として展開した。基礎地域論に導かれかつて村落社会地理学の中核をなしたムラ論が，村落空間論の形で新たに活性化した。

5．最近の研究動向

1990年代の後半以降の研究状況を見ておこう。筒井・今里（2006）は主な研究成果を，①国土空間の中の農山村，②ポスト生産主義とグリーン・ツーリズム，③農業地理学と持続可能性，④地域社会の問題とGIS，⑤景観史と地域システム論，⑥文化生態学と複合生業論，⑦空間認識と社会的表象，に分けて整理している。これに沿って見ておこう。このうち①～④が，狭義の農村地理学の領域である。

①これまでミクロスケールの農村研究が数多く蓄積されてきたが，国土空間というマクロなスケールとの接合が弱かった。その意味で，全国土の地域システムに関わる「周辺地域」，人口流出に伴い無住化する地域に焦点を当てた「社会的空白地域」，都市とは別の価値をもつ新たな地域社会の創造に関わる政策概念として提起された「多自然居住地域」などの新たな地域概念が主張されている点が重要である。

②農村の新たな動きに注目する研究がみられる。特に重要なのは，今日の農村は，20世紀の「生産主義」の下での農業生産の場から，「ポスト生産主義」の空間へと再構築されてきたことである。このような動きは国内では『消費される農村』（日本村落研究学会編，2005）でいち早く注目された。これに先んじて農村ツーリズムの展開に関する研究が行われた（脇田・石原，1996）。日本では長期滞在型のツーリズムは定着しなかったが，環境や景観への注目という大きなトレンドは着実に進行した。中島（1999）や金田（2012）の先駆的研究が示すように，棚田保全や「文化的景観」の保存など景観に関する研究も展開した。この動きは，欧米の動きに刺激を受けた田林（2013）を中心とする農村空間の商品化論へとつながった。

③は，農業地理学の新たな研究動向に関わる。農業地理学は，経済地理学として「生産主義」の下で形成された農業地域や主産地の研究を中心に大きな成果をあげてきた。これに対して，フードシステム概念の下で食料の一連の流れを重視する研究（荒木，2002；高柳，2006）やグローバル化の下での国内農業の変動に関する研究（高柳ほか，2010；後藤，2013）が登場し，現代農村を再編する動きが追究された。その一方で，持続性の観点から農業と農村を関連づけて捉える研究（田林・菊地，2000）もあり，共に従来の農業地理学から農村地理学への接近がみられる。

④では，農村の地域社会に関する新たな観点からの研究が注目される。重要なものとして，高橋（1997a）の混住化社会論，金（2003）の内生的住民組織論，堤（2015）のソーシャル・キャ

ピタル論などがあるが，農村の持続可能性やレジリエンス（回復力）という点で，地域社会の意義が改めて問われているといえよう。

これらに対して，⑤から⑦は現代農村を考える基層研究として意義がある。狭義の村落地理学がこれらに適合するが，ここでは簡単な紹介に留めたい。⑤は，歴史地理学における村落研究である。基礎地域論がこの分野で一世を風靡して久しいが，今日のテーマとして，景観史の研究が注目される。⑥は，文化地理学，歴史地理学における村落研究であり，文化論，生業の複合形態など多くの成果が見られる。⑦は，先述した村落空間論につらなる動きであるが，関戸（2000），今里（2006）が著作を公にしている。

イギリスの農村地理学の影響は続いており，ホガート・ブラー（1998），ウッズ（2018）が翻訳された。前者は社会理論を重視し，後者は人文地理学の新たな方法論を取り入れ，ともに理論志向が強いのが特徴である。特に後者は，農村空間の三つ折りモデルにより，農村の地域性，農村の生活，農村の表象の3つの側面から現実の農村空間のダイナミズムを理解しようとする。ジェンダー，牧歌的情景，労働の身体性，商品化など，これまで等閑視されていた多様な側面から現代農村を照射している点が注目される。

6．これからの農村地理学に向けて

以上，地理学における農村地域研究の展開をみてきた。この分野は，ムラ論としての村落研究（村落地理学）と現代農村論としての農村地域研究（農村地理学）という大きく2つの流れがある。前者については，基礎地域論から村落空間論へと研究が進展する中で，研究内容が多様化するとともに方法論も深められてきた。また，後者については山村を中心に農村の実証的研究を積み重ねられ，方法論の面でもイギリス農村地理学や他の学問分野の影響を受けて革新されてきた。今後の農村地理学の研究において留意すべき点を4つあげておきたい。

第1には，農村だけを分離して考えないことである。「地理学における村落研究の方向は内へ内へと向かって現実性を失い，その結果として，村落内部空間の構造的理解に接近する枠組みの開発には成功したものの，村落外部の空間からわが国の村落を位置づけていくという問題は等閑視されたままであった」（高橋，1997a）との指摘はこれまでの問題点を鋭く突いている。この点は，ホガート・ブラー（1998）が農村研究の弱点としてあげた，農村と都市の分離，ローカルな地域へのこだわりと個別的な説明の山といった指摘とも重なり合う。彼らはさらに，農村研究の枠組みでは因果的法則性が弱いこと，また説明が追求されている場合も説明の枠組みが個別的であることが問題であるとした。彼らが農村を問題にしたのは都市と農村とで異なる空間構造が社会行動に差異をもたらしうるからであり，それゆえ，ローカルな社会経済システムが因果的に一般的な諸力と相互作用する様式を解明することこそが課題とされた。この指摘は，内向きの農村研究を克服する可能性をもっているが，経済地理学，社会地理学，他の学問分野の成果を積極的に取り入れていく姿勢が求められる。

第2は，農村地域の全体像を追求すべきことである。イギリスの農村地理学は，やや羅列的であっても全体像に迫る広範なテーマを扱っているが，わが国ではこれさえも十分ではない。

もちろん，多くのテーマを並べて検討するだけでは地域の総合的把握に到達しえないので，個別の論点を統合する論理的枠組みが不可欠である。それには，基礎地域，混住化地域，周辺地域，縁辺地域，条件不利地域など，全体像に関わる地域概念を明示する努力が必要である。

第3には，農村をマルチスケールの時空間の中で捉えることである。空間的には，先進国の枠組み，あるいは途上国も含めた枠組みが重要である。グローバル化のもと，日本の村落も特殊日本的なものではなくなっており，農業そのものも大きく変化する恐れがある。それとともに歴史的な視点も重要である。この点は，第1章の人類史的な視点から農村を位置付けたところである。農村研究も，日本文化に特徴的な時間と空間のあり方である「今＝ここ」主義（加藤，2007）に陥らない努力が求められる。

第4には，農村地域発展のビジョンを考えてみることである。これは将来に向けて時間軸を延ばすことで「今＝ここ」主義を乗り越える方法でもある。外部環境や外来の構造的な力を重視する外来型発展論，それに対抗する形で，地域の主体性や自律性を重視する内発的発展論（小田切・橋口，2018；中川ほか，2013），少し視角は異なるが，経済成長を前提としない社会のあり方を考える定常型社会論（広井，2001）などをあげることができる。

［引用文献］

青木伸好（1985）『地域の概念』大明堂.

青木伸好（1989）「村落変化の研究動向と問題点」（浮田典良編『日本の農山漁村とその変容－歴史地理学的・社会地理学的考察－』大明堂）.

荒木一視（2002）『フードシステムの地理学的研究』大明堂.

石原　潤（2003）「農村地理学の近年の動向－イギリスと日本－」（石原　潤編著『農村空間の研究（上）』大明堂）.

今里悟之（1999）「村落空間の分類体系とその統合的検討－長野県下諏訪町萩倉を事例として－」人文地理 51-5.

今里悟之（2006）『農山漁村の「空間分類」－景観の秩序を読む』京都大学学術出版会.

浮田典良編（2003）『最新地理学用語辞典－改訂版－』大明堂.

ウッズ，M. 著／高柳長直・中川秀一監訳（2018）『ルーラル－農村とは何か』農林統計出版.

大阪市立大学地理学教室編（1969）『日本の村落と都市』ミネルヴァ書房.

岡橋秀典（1997）『周辺地域の存立構造－現代山村の形成と展開』大明堂.

岡橋秀典（2000）「中山間地域研究と農村地理学－地域学的アプローチからの一考察」広島大学文学部紀要 60.

小田切徳美・橋口卓也編著（2018）『内発的農村発展論－理論と実践』農林統計出版.

加藤周一（2007）『日本文化における時間と空間』岩波書店.

喜多村俊夫・榑松静枝・水津一朗（1957）『村落社会地理』大明堂.

金　科哲（2003）『過疎政策と住民組織－日韓を比較して』古今書院.

金田章裕（2012）『文化的景観－生活となりわいの物語』日本経済新聞出版社.

クラウト，H. D. 著／石原　潤・溝口常俊・北村修二・岡橋秀典・高木彰彦共訳（1983）『農村地理学』大明堂.

榑松静枝（1957）「村落社会の地理的構造」（喜多村俊夫・榑松静枝・水津一朗『村落社会地理』大明堂）.

後藤拓也（2013）『アグリビジネスの地理学』古今書院.

水津一朗（1964）『社会地理学の基本問題－地域科学への試論』大明堂.

関戸明子（2000）『村落社会の空間構成と地域変容』大明堂.

高橋　誠（1997a）『近郊農村の地域社会変動』古今書院.
高橋　誠（1997b）「農村変動とコミュニティ再編－新しい農村コミュニティ研究に向けて－」地理科学 52-2.
高柳長直（2006）『フードシステムの空間構造論－グローバル化の中の農産物産地振興』筑波書房.
高柳長直・川久保篤志・中川秀一・宮地忠幸編著（2010）『グローバル化に対抗する農林水産業』農林統計出版.
田林　明編著（2013）『商品化する日本の農村空間』農林統計出版.
田林　明・菊地俊夫（2000）『持続的農村システムの地域的条件』農林統計協会.
筒井一伸・今里悟之（2006）「地理学の研究動向－空間論からのアプローチ」（日本村落研究学会編『地域における教育と農（年報村落社会研究 42)』農山漁村文化協会).
堤　研二（2015）『人口減少・高齢化と生活環境－山間地域とソーシャル・キャピタルの事例に学ぶ－』九州大学出版会.
中川秀一・宮地忠幸・高柳長直（2013）「日本における内発的発展論と農村分野の課題－その系譜と農村地理学分野の実証研究を踏まえて－」農村計画学会誌 32-3.
中島峰広（1999）『日本の棚田－保全への取組み』古今書院.
西野寿章（1998）『山村地域開発論』大明堂.
日本村落研究学会編（2005）『消費される農村－ポスト生産主義下の「新たな農村問題」（年報村落社会研究 41)』農山漁村文化協会.
野沢秀樹（1969）「都市・農村関係に関する一考察－新潟県十日町織物生産地域の分析－」地理学評論 42-1.
浜谷正人（1988）『日本村落の社会地理』古今書院.
パッショーン，M. 著／石原　潤監訳（1992）『農村問題と地域計画』古今書院.
広井良典（2001）『定常型社会－新しい「豊かさ」の構想』岩波書店.
福武　直（1949）『日本農村の社会的性格』東京大学協同組合出版部.
藤田佳久（1981）『日本の山村』地人書房.
ホガート，K.・ブラー，H. 著／岡橋秀典・澤　宗則監訳（1998）『農村開発の論理－グローバリゼーションとロカリティ』古今書院.
宮口侗迪（1998）『地域を活かす－過疎から多自然居住へ－』大明堂.
ルイス，G. J. 著／石原　潤・浜谷正人・山田正浩監訳（1986）『農村社会地理学』大明堂.
八木康幸（1998）『民俗村落の空間構造』岩田書院.
山本正三・北林吉弘・田林　明編著（1987）『日本の農村空間－変貌する日本農村の地域構造』古今書院.
脇田武光・石原照敏編著（1996）『観光開発と地域振興－グリーンツーリズム解説と事例－』古今書院.

コラム　研究の動向を把握する

卒業論文などの研究を進める時に，その第一歩として，先行研究のレビューを求められることが多い．大変な仕事であるが，あるテーマがどこまで明らかにされ，あるいはされていないのかがわかると，独自の研究を進めるきっかけがつかめる．先行研究を尊重し，引用を明記するのは研究者の倫理として不可欠であるが，それと同時に，見本とすべき論文に遭遇できれば，調査方法，図表の作成方法など多くの事を学ぶことができる．

今は，J-STAGE や CINII などの学術情報データベースで関係する文献を容易に探し出すことができるし，論文の入手もダウンロードで済むことが多い．研究の評価や動向を知りたければ，毎年『人文地理』(人文地理学会会誌）の第3号に掲載される学会展望の村落や農林業の項や,『キーワードで読む経済地理学』（原書房，2018年）を読むことを勧めたい．

第3章　人口の変化と農村空間の変動

1．農村人口の変化

人口の変化は，農村の変化を最も端的に表している。人口を軸に農村空間の変動を捉えてみよう。

統計的に農村の人口を捉えるには，まず農村の空間的範囲を確定する必要がある。統計上の農村は，1つは行政上の郡部として把握できる。表3-1はそれを示したものである。100年前の1920年には郡部にもとづく農村人口率は82%にも達していたが，1960年には37%まで減少した。高度経済成長期を経てさらに大きく数値を下げ，2000年には20%強，2010年には9%強まで低下している。ただし，この数値の解釈には若干の注意が必要であろう。主に2005－2006年に行われた平成の大合併により郡部町村が市部に多数編入されたため，郡部人口は大きく減少した。逆に言えば，市部に農村的な地域がこれまで以上に多く包含されるようになったため，形式的に郡部によって農村人口を捉えるのは難しくなっている。確かに，市部の人口密度は平成の大合併を挟む2000年から2010年の間に大きく低下している。

より実質的な農村を捉えるために，人口集中地区（DID）以外の地域に依拠する方法もあ

表3-1　市部・郡部別にみた人口・面積・人口密度

	人口（千人）		人口の割合（%）		面積の割合（%）		人口密度（人／km^2）	
	市部	郡部	市部	郡部	市部	郡部	市部	郡部
1920年	10,097	45,866	18.0	82.0	0.4	99.6	7,341	121
1940年	27,578	45,537	37.7	62.3	2.3	97.7	3,115	122
1960年	59,678	34,622	63.3	36.7	22.0	77.6	721	120
1980年	89,187	27,873	76.2	23.8	27.2	72.5	870	104
2000年	99,865	27,061	78.7	21.3	28.1	71.7	943	102
2010年	116,157	11,901	90.7	9.3	57.2	42.8	538	76

（国勢調査より著者作成）

表3-2　人口集中地区（DID）の人口・面積・人口密度

	人口（千人）		人口の割合（%）		面積の割合（%）		人口密度（人／km^2）	
	DID	DID以外	DID	DID以外	DID	DID以外	DID	DID以外
1960年	40,830	52,589	43.7	56.3	1.0	99.0	10,563	144
1980年	69,935	47,126	59.7	40.3	2.7	97.3	6,983	130
2000年	82,810	44,116	65.2	34.8	3.3	96.7	6,647	122
2010年	86,121	41,936	67.3	32.7	3.4	96.6	6,758	116

（国勢調査より著者作成）

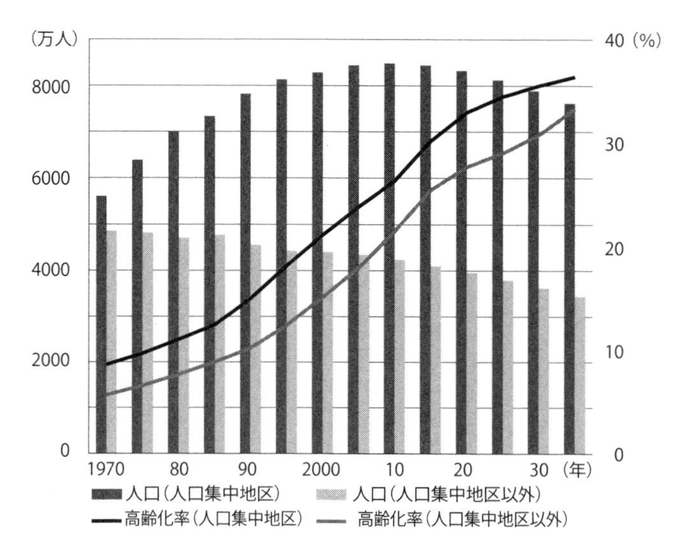

図 3-1　人口集中地区と人口集中地区以外における人口と高齢化率の推移
(農林水産省「平成 26 年度　食料・農業・農村白書のデータ」により著者作成)
注：2010 年以降は推計.
資料：総務省「国勢調査」, 国立社会保障・人口問題研究所「日本の都道府県別将来推計人口（平成 19 年 5 月）」を基に農林水産省で推計.

る。人口集中地区は，国勢調査で基本単位区の人口密度が 4,000 人／ km^2 以上の区が連続していること（密度基準），隣接する基本単位区との合計人口が 5,000 人以上（規模基準）の 2 つを満たすことが条件となっているので，都市を実質的に表す指標と考えられる。表 3-2 によれば，その人口密度は 2010 年でも 6,000 人台であり，市部の人口密度が 500 人台であるのと比べ，大きな差がある。1960 年の人口集中地区以外の地域の人口割合，すなわち農村人口率は 56.3% となる。この数値は，その後年を追うごとに低下し，2010 年には 32.7% となっている。第 1 の方法よりも都市の範囲がより厳密となって狭くなった分，農村人口率が明らかに過大になっている。そして，面積割合では人口集中地区以外の地域が約 97% であり，国土の圧倒的部分が農地をはじめとした農村空間的要素を持っていることになる。

農村の高齢化も急速に進行している。図 3-1 のように，農村（人口集中地区以外の地域）の高齢化率（65 歳以上人口の比率）は，1970 年代までは 10% 未満であったが，2000 年代に入って 20% を超え，今や 30% を大きく上回っている。全国の市町村で高齢化率が 40% を超える市町村の割合は, 2015 年現在では 12.4% であるが, 2045 年(推計)には 66.5% に達する予定である。

上述のどちらの方法であっても，間違いないのは，この間，農村人口率が急速に低下するとともに，農村人口が大きく減少し，また高齢化率も上昇したことである。それは何を意味しているのであろうか。これをもたらしたものとして，1 つは山村や離島などの遠隔地農村での人口流出による人口の減少と，もう 1 つは，都市近郊農村の都市化と市町村合併等による農村の都市への包摂が考えられる。

前者の人口減少農村を代表するのが過疎地域である。激しい人口減少と地域衰退への危機感から, 1970 年に「過疎地域対策緊急措置法」（「過疎法」）が 10 年間の時限立法として制定され，地域振興のための政策が実行された。そこでの過疎地域とは「最近における人口の急激な減少

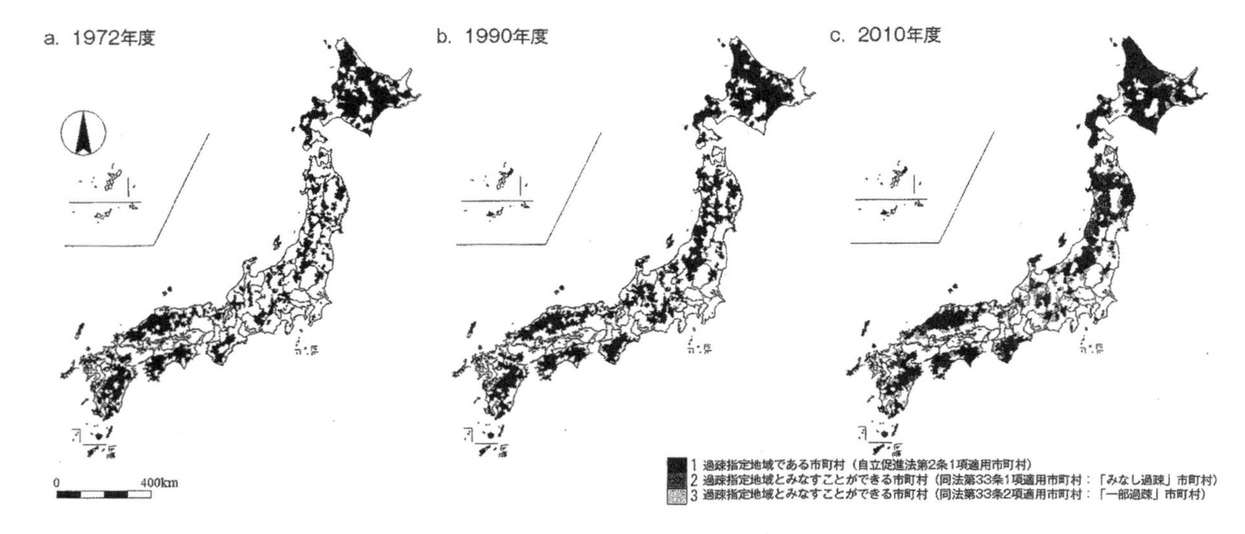

図 3-2　過疎自治体の分布とその変化

（高橋理奈子・宮地忠幸（2014）「過疎自治体の地理的分布の変化と「脱過疎化」」地図中心 506）

により地域社会の基盤が変動し，生活水準及び生産機能の維持が困難となっている地域」であり，「緊急に，生活環境，産業基盤等の整備に関する総合的かつ計画的な対策を実施するために必要な特別措置を講ずることにより，人口の過度の減少を防止するとともに地域社会の基盤を強化し，住民福祉の向上と地域格差の是正に寄与することを目的」としていた。その指定要件は，人口減少率（1960 － 1965 年）10% 以上，財政力指数（1966 － 1968 年度）0.4 未満であり，指定市町村数は，1979 年度には全国 3,255 市町村のうち約 3 分の 1 の 1,093 にも達した。その後も，4 次にわたり「過疎法」が制定され，現行の「過疎地域自立促進特別措置法」は 2000 年度に施行された。過疎関係市町村の数（2017 年）は 817 と大幅に減っているが，それは過疎から脱却したというより，主に合併により生じた現象といえる。「みなし過疎」，「一部過疎」の存在がその事情を物語っている。国の全市町村数も 1,718 と大きく減少したので，全市町村に占める過疎関係市町村の割合は今や半分近くに達している。

この過疎市町村の分布を示したのが，図 3-2 である。1972 年度には西南日本と北海道に濃密な分布が見られるが，1990 年度には東日本にも広がっている。2010 年度には全国に分布するが，平成の大合併のため「みなし過疎」や「一部過疎」の地域が登場している。今や過疎地域は国土全体に広く分布するが，北海道，中国，四国，九州，東北地方といった国土の周辺部で特に濃密な分布がみられ，他方，大都市圏を擁する関東，東海，近畿ではその比率が低いといえよう。

過疎化の進行に伴い，消滅の危機に瀕した集落が現れてくる。大野（2005）は高知県の山村の実態から，この様な集落を限界集落と名付けた。厳密には「65 歳以上の高齢者が集落人口の 50% を超え，独居老人世帯が増加し，このため集落の共同活動の機能が低下し，社会的共同生活の維持が困難な状態にある集落」と定義した。今，高齢者（65 歳以上人口）が 50% 以上を占める集落を近似的に限界集落と見なすと，全国の過疎地域に 7,900 近くあり，全集落の 12.7% を占め，しかもそれらは圧倒的に山村に多い（岡橋，2012）。

地域の実態から提起された限界集落論は，次に将来予測に基づく自治体消滅論へと発展する。増田（2014）は，2010 年の国勢調査結果を基に人口推計を行い，2040 年時点に 20 ～ 39 歳の女性人口が半減する自治体を「消滅可能性都市」と名付け公表した。その数は全市町村の半数の 896 市町村に及び，従来の過疎地域の範囲を大きく超えていたため，地方の多数の自治体に大きな衝撃を与えた。

これに対し，農村地域への人口流入に焦点を当てた田園回帰の議論もある（小田切・筒井，2016）。この場合は，数は少なくても田園志向の意識を持った主体に注目し，その影響力に期待をかけるのが特徴である。この動きが一時的なものでないとするなら，それは何によるのかについても考える必要がある。家族に代表される社会の流動化，労働市場の不安定化，経済のグローバル化，パンデミックなど，農村だけに留まらない日本あるいは世界全体の不安定化が背景にあるように思われる。

明治以降の日本は，100 年間に総人口が 3 倍になるという急速な人口拡大期であった。1872 年には 3,480 万人であったが，1967 年には 1 億人を超えた。その増加を担ったのはもっぱら農村であり，そのため長く過剰人口問題に悩まされた。農村の多くが人口減少に転じたのは戦後の高度経済成長期以降であり，その後の継続的減少により，今や極度に高い高齢化率に見舞われている。2015 年には国勢調査で初めて全国人口も減少に転じた。人口減少時代の農村人口は複雑なベクトルを孕んでいる。

2. 農村空間変動の理論

先進国の農村では，日本の農村と同様に人口減少地域が広くみられる。このような農村の変化過程はどのように理解されるのだろうか。農村の具体的な変化を見る前に，この理論的解釈について検討しておこう。

日本農村の過疎化については大きく 2 つの見方がある（岡橋，1997）。1 つは農村・都市間の均衡的な動きを重視する立場であり，もう 1 つは農村･都市間の不均衡な側面（不均等発展）を強調する立場である。

前者の立場は，基本的に農村の後進性を前提とし，都市成長の波及効果がそうした農村に経済発展をもたらす道筋を考える。農村の近代化論とも言えよう。最も典型的なのは，過疎化を過剰人口の解消過程であり，資源と労働力の適正配分に至る過程と肯定的に捉える見方である。この立場では，農村が抱えている過剰人口問題が人口の流出や労働力の産業間労働移転によって解消され，農村・都市間のより均衡的な状態が実現されると考える。

このような考え方は，基本的に新古典派地域経済成長論にもとづいており，人口流出を市場メカニズムによる資源配分の最適化過程とみる。イタリアの低開発地域を事例とした研究に従って（ホランド，1982），そのプロセスを単純化して示せば，図 3-3 の通りとなる。まず，農業部門からの人口流出に始まり，これによって土地・労働比率（1 人当たりの土地面積）と労働者 1 人当たりの産出量が高まって，農業生産性の向上が実現する。その結果，農産物の域外への移出（販売）が増大し，そこから得られた資金が農業の機械化や域内の工業に投資され，

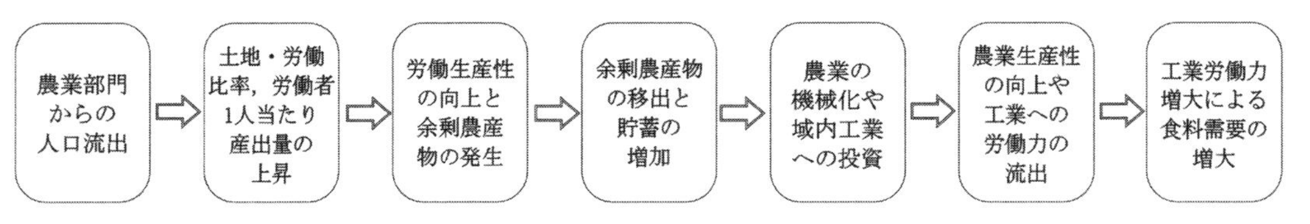

図 3-3　低開発地域における農業部門からの人口流出と経済成長（著者作成）

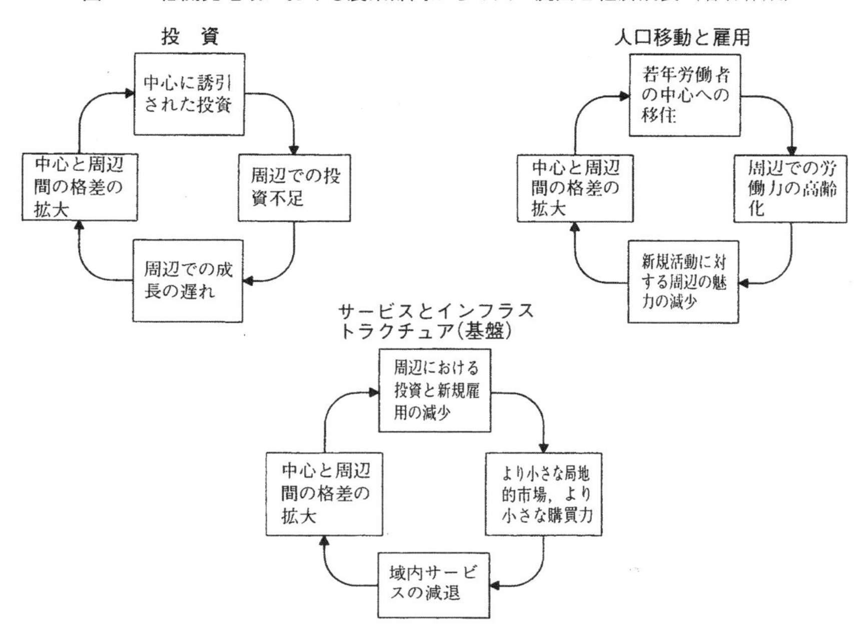

図 3-4　ミュルダールの逆流効果モデルの例
（ディッケン，P.，ロイド，P. E.／伊藤喜栄・岡橋秀典・宮町良広・池谷江理子・富田和暁・森川　滋共訳（2001）『立地と空間－経済地理学の基礎理論（上）』古今書院）

さらなる農業生産性の向上と工業部門への就業増大に結びつく。また，工業労働力の増加は域内の農産物需要の増大をもたらす。このような形で連鎖的に地域経済の成長が実現すると考える。それゆえ，この立場からすると，政策的には人口減少の抑止よりもそれにともなう摩擦の緩和こそが課題であることになる。ただし，このモデルには，①農産物価格の問題，②流出人口の選別性が与える影響，③農地の拡大の困難性などが考慮されておらず（岡橋，1982），説明力に問題が残されている。

これに対して，地域間の不均等な発展を重視する議論がある。ミュルダールの累積的因果関係論はその代表であり，世界レベルでも，国内レベルでも，「開発地域」から「低開発地域」への作用に，波及効果とともに逆流効果が存在するとし，両地域の関係を不均等化に向かうものと捉えた。図 3-4 には，投資，人口移動と雇用，サービスと社会基盤の面で，どのように逆流効果が生じるかが例示的に示されている。

日本の過疎論では，①経済的基盤の弱体化説と，②労働市場を通じた労働力再配置説の大きく 2 つの流れがある（岡橋，1997)。①は過疎を産業（農林業）問題の枠内で捉え，人口減少は大都市・大工業地帯からの労働力の吸引（プル）だけによるものでなく，農業をはじめとする地域産業の破壊による人口のおし出し（プッシュ）の結果でもあるとしてプッシュの側面を重視した。確かに，過疎を人口減少の結果による問題と捉えず，人口減少をもたらす機構こそが問題とした点は評価されるが，人口流出と商品生産の衰退による経済的基盤の弱体化とを直接的に結び付けたことには無理があった。

②は，農林業の問題をふまえながらも，農林業所得に比して賃金所得の顕著な拡大という事実から，労働市場が人口流出に与える影響を重視した。特に，東日本よりも西日本で人口減少が激しいという過疎の地域性は，中国地方での労働市場の顕著な展開と激しい人口流出を関連づけることで説明が可能であった。この考え方は，戦後の過疎現象は国内における労働市場を通じた労働力の再配置の側面が強いとの見解に結びつく。しかし，過疎農村の人口が高齢化して労働力が払底し，また日本経済が低成長期に入り工業化が後退するなかで，この理論の現状に対する説明力も低下してきているといえよう。

3. 農村空間の分化

わが国の農村は戦後の高度経済成長期を経て急速な変容をとげた。商業的農業が拡大したことにより，農家は農産物市場に直接的な影響を受けるようになった。都市近郊だけでなく全国に主産地が形成され，大都市の卸売市場に向け大量の農産物供給がなされるようになったからである。また農地転用の増加により土地市場の影響も受けるようになった。この影響を最も強く受けたのは大都市近郊の農村である。農地転用の拡大や林地の開発により土地利用面の都市化が進むとともに，新住民の流入により混住化が進行し，従来の農村社会とは異なった地域社会（混住化社会）が形成された。さらに，農外就業の拡大により，農家は直接的に労働市場に巻き込まれるようになった。労働市場は日本農村全般に兼業化という形で大きな影響を与えたが，都市への通勤が困難な農村地域では人口流出を激化させ，過疎問題を生じさせた。このように，日本農村は都市化と過疎化という 2 つの異なるベクトルの中で変容をとげ，農村空間の分化が進行した。

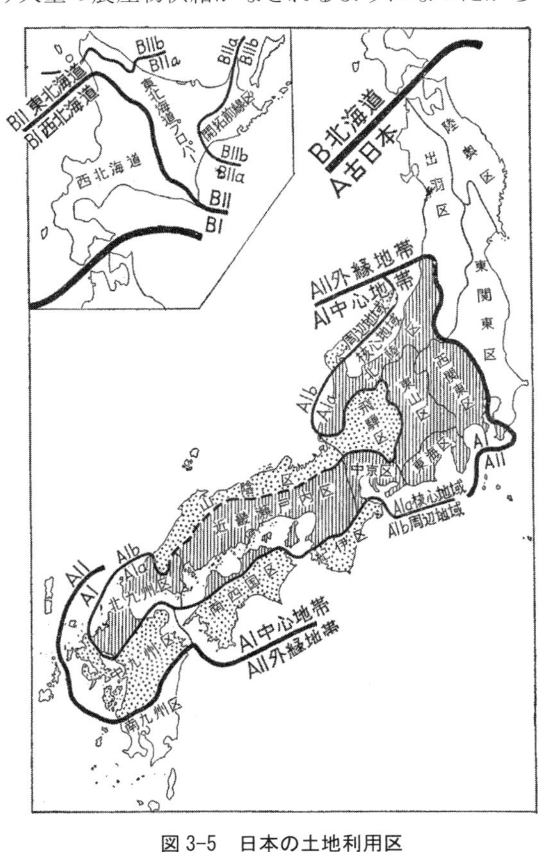

図 3-5　日本の土地利用区
（小笠原義勝（1955）「土地利用区」（地理調査所地図部編『日本の土地利用』古今書院））

まず全国レベルでみてみよう。第二次世界大戦後の著しい変貌を遂げる前の農村に注目すると，主に農業を軸にした東北日本と西南日本という地帯構成がよく知られている。図 3-5 に示した土地開発の歴史性（可耕地開発度，耕地利用度など）から見た地域区分では（小笠原，1955），東北日本と西南日本の差異とともに，同心円的なパターンが示されている。最も大きな区分は，明治以降の開拓によって開発された北海道と，それ以外の古日本であるが，古日本は中心地帯と外縁地帯に細分される。ここでの中心地帯は南九州を除く関東以西の地域であり，東関東と東北，南九州からなる外縁地帯に比べ，歴史的に土地開発が早くから進んでいた。例えば，中心地帯では森林が山地の急斜面にしかないのに対し，外縁地帯では丘陵や平地にも広く認められた。さらに中心地帯は，西関東から，中京，近畿，瀬戸内，北九州へと連なる核心地域と，その周囲を取り巻き核心地域に物資を供給する周辺地域に分けられる。このように東西の違いをはじめとして，日本の農村は地域的な多様性を保持していた。

戦後の高度成長期を経て，東北日本と西南日本という地域的対照性は徐々に弱くなり，むしろ三大都市圏を中心とした圏構造が注目されるようになった。山本ほか（1987）は就業面の特徴から農村空間を，都市農村空間，郊外農村空間，都市周辺農村空間，後背農村空間，農業卓越農村空間，出稼兼業農村空間の6類型に分類したが，それらが三大都市圏を中心として配列されていることを指摘した。日本の山村に注目して類型化を行った研究（岡橋，1986）でも，東日本と西日本の差異とともに三大都市圏を中心とした圏構造の重要性が見出されている。農業では，藤田（1986）が大都市の中央市場を中心として，東北日本，西南日本を問わず，周縁部ほど専業的上層農家が多くなる模式図を提示した（第8章図8-3参照）。確かに，全国の市町村の内，農業活力の特に高いタイプの311市町村を都道府県別に整理すると，北海道が174で半分以上を占めるが，それ以外は熊本を中心とする九州，東北と，関東の一部に多く分布し，総じて日本列島の周縁部に偏る傾向がみられる（岡橋，2006）。

都市圏レベルでも，都市化の進行に伴い，都市を中心に同心円状の配列をもった農村の地域分化が生じている。これを説明するのが都市優勢原理（勾配原理）であり，都市が周辺村落に強い影響を与え，しかもその影響力は距離減衰的であるとした（パッショーン，1992）。これに時間軸を与えて表したのがルイス・マウンドモデル（図3-6）である。都市が拡大するにつれ，周辺

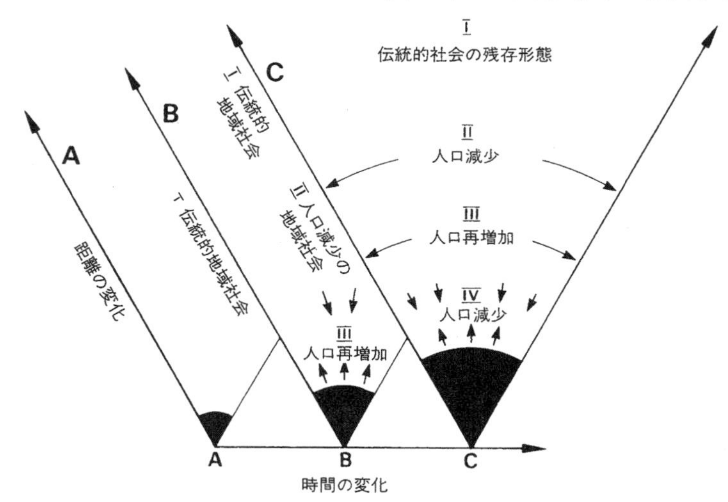

図3-6　ルイス・マウンドモデル
（パッショーン，M. 著／石原　潤監訳（1992）『農村問題と地域計画』古今書院）

農村が3つの人口移動（人口移動の結果としての人口減少，外部からの若年層の流入による人口増加，ライフサイクルの後半期の家族の流入による人口の再増加）を通じて再編されていく状況を模式化している。このモデルに依拠して，浜谷（1985）は日本の村落を，都市近郊地域の村落，その外側にあって都市への日常的な通勤圏内にある村落，通勤圏外に位置する遠隔地村落の3つに理念的に分類した。このほか，農村空間の分化を説明する原理として，分化原理がある。これは，都市化が農村地域を機能的に特化させ，それらの特化した地域の相互依存性を増加させることにより，農村を多様な地域に分化させていくものである（ルイス，1986）。

農村空間の分化を実証的に検討する研究も行われた。高橋（1989）の浜松都市圏を事例とした実証研究では，クラスター1（都市化した地区）からクラスター2（都市化の影響を受けながらも，農業活動がなお活発な地区）を経てクラスター3（都市化の影響の少ない地区）に至る同心円的パターンを検出している。また，澤（1988）も，広島市周辺地域を対象に，都市を中心とした農村の混住化，兼業化の進行パターンを見出し，そこに都市からの距離による勾配原理の作用を指摘するとともに，同じ距離帯でも都市の様々な要求に対応して機能特化による分化原理も働くことを示唆している。

現代の都市は農村地域に農産物，労働力，住宅地，レクリエーションの場といった多様な要求を行い，それに対し，農村地域はこれに応えるために様々な変化を迫られているといえよう。このように，日本の農村は，都市の近郊農村からもっとも遠隔の過疎山村までその地域的差異は大きく，そうした分化には都市からの距離による勾配原理と機能特化による分化原理が作用しているとみることができる。

[引用文献]

大野　晃（2005）『山村環境社会学序説－現代山村の限界集落化と流域共同管理』農山漁村文化協会.

岡橋秀典（1982）「山村問題研究の方法と課題」史淵 119.

岡橋秀典（1986）「わが国における山村問題の現状とその地域的性格－計量的手法による考察」人文地理 38-5.

岡橋秀典（1997）『周辺地域の存立構造－現代山村の形成と展開』大明堂.

岡橋秀典（2006）「戦後日本における農村の変容」（山本正三・谷内　達・菅野峰明・田林明・奥野隆史編『日本の地誌2　日本総論Ⅱ（人文・社会編）』朝倉書店）.

岡橋秀典（2012）山村の環境問題（杉浦芳夫編著『地域環境の地理学』朝倉書店）.

小笠原義勝（1955）「土地利用区」（地理調査所地図部編『日本の土地利用』古今所院）.

小田切徳美・筒井一伸編著（2016）『田園回帰の過去・現在・未来－移住者と創る新しい農山村（シリーズ田園回帰3）』農山漁村文化協会.

澤　宗則（1988）「広島市周辺地域における農村地域の類型化－ルイス・マウンドモデルとの関連において－」人文地理 40-2.

高橋　誠（1989）「浜松都市圏における農村地域分化と村落社会の機能変化」地理学評論 62-12.

浜谷正人（1985）「村落」（坂本英夫・浜谷正人編著『最近の地理学』大明堂）.

パッショーン，M. 著／石原　潤監訳（1992）『農村問題と地域計画』古今書院.

藤田佳久（1986）「農業地域構造の形成と変動」（川島哲郎編『経済地理学（総観地理学講座 13）』朝倉書店）

ホランド，S.／仁連孝昭ほか訳（1982）『現代資本主義と地域』法律文化社.

増田寛也編著（2014）『地方消滅－東京一極集中が招く人口急減』中央公論新社.

ルイス，G. J. 著／石原　潤・浜谷正人・山田正浩監訳（1986）『農村社会地理学』大明堂.

山本正三・北林吉弘・田林　明編（1987）『日本の農村空間－変貌する日本農村の地域構造』古今書院.

第4章　グローバル化と農村

1. グローバル化とは

グローバル化（グローバリゼーション）は1990年代頃から，世界の動きを捉えるための重要な用語として，東西冷戦や南北問題に代わって定着した。その特徴は，それまで国を超えた取引や交流の増加の動きを表すために使われていた国際化と対比すると容易に理解できる。国際化は国を構成単位とし，その集合により世界をみていくのに対し，グローバル化は地球（グローブ）という全体から世界を捉えようとする。それゆえ，グローバル化を抽象的に定義すると，「一つのシステム，制度，様式，形態，商品，思考法，価値観などが地球規模で拡散していく現象，あるいはその拡散によって世界が画一化または統合されていく現象」（人文地理学会編，2013）となる。

グローバル化の具体的な特徴をみてみよう（コーエン・ケネディ，2003）。①空間と時間の圧縮，②文化的交流の増大，③世界のすべての人々が直面している問題の共通性，④相互連関と相互依存の拡大，⑤トランスナショナルなアクターや組織のネットワーク，⑥グローバル化に関わるあらゆる次元の同調化，以上6つにまとめられる。

①は輸送技術やインターネットのようなICT技術の発展により飛躍的に進んだ。時間と距離が人間の活動を制約する力が弱くなってきているが，その度合いは，地球上でも地域によって大きな差がある。②はこれまでにない量とスピードで，文化的事象が世界を駆け巡っている。現代人は多文化の世界に生きているともいえる。③はグローバルに問題が共通するというだけではない。地球温暖化問題やパンデミック（感染症の大流行）の例のように，解決策も各国政府とWHOなどのグローバルなレベルの機関の連携が必要とされる。④は，個々の市民だけでなく，地域，国家，企業，社会運動，専門家その他の集団の結びつきが生まれており，国境をこえた交流のネットワークが形成されつつある。⑤は超国籍企業，国際的政府間組織（国連など），国際的非政府組織（「NGO」）が例としてあげられよう。そして，⑥では，経済・テクノロジー・政治・社会・文化といったグローバル化の諸次元が同時に結びつきあい，互いにインパクトを与えて，強化・増幅しあっている。

以上から，グローバル化はきわめて多面的かつ複雑な現象であり，モノ，資本（カネ），ヒト，情報，制度など多くの側面から複合的に見る必要があることが理解される。貿易により大量のモノが世界を流動するだけでなく，海外への投資，国際金融のように資本も世界を駆け巡る。ヒトの移動が活発化するとともに，国ごとに異なっていた制度の世界的統一化も進んでいく。

それゆえ，グローバル化は国家や地域の枠組みの意義をなくしたり弱めたりする面がある一方，産業集積や地政学的な局地紛争などのようにローカルな枠組みを強める動き（ローカル化）も生じさせる。このことから，グローバル化とローカル化は単に対立する，異なる現象としてみるのではなく，並行して進行する現象として両者の関係を統一的に捉える視点が重要である。

2. 農村のグローバル化

上述したことから明らかなように，グローバル化は現代社会に大きな影響を与えており，しかもそれは多岐にわたる。そうした中で，農村に限ってみれば，その影響はどうであろうか。農村とグローバル化の関係は，都市に比べて弱いように思われるが，決してそうではない。ここではウッズ（2018）を参照して，3つのグローバル化に分けて説明してみよう。

第1にあげられるのは，「経済のグローバル化」である。様々な回路を通して農村地域の経済に影響を与えている。具体例として，農産物などの貿易自由化や世界市場での農産物流通の拡大，グローバルな商品連鎖や価値連鎖，農業等における多国籍企業による統合や連携，外国資本による直接投資（分工場など），土地や資源などの財産権をめぐるグローバル体制（例えば多国籍企業による生物遺伝資源の商品化，食料確保のための外国の農地への投資）などがあげられる。

第2には「移動のグローバル化」である。人間の移動は，交通・通信の発展や観光・移住における入国管理の緩和によって急速に促進されてきた。観光旅行，反都市化，労働力移動は地球規模で多くの農村に影響を与えている。特に，観光は農村景観と農村体験の商品化を促進し，またアメニティを求めた移住はリゾート地の形成を通じて農村社会の流動性にも関与している。労働力の移動は地域的に拡大し，量的にも増加している。

第3にあげられるのは，「文化のグローバル化」である。メディアによる発信によって特定の農村とその表象が世界的に注目されるようになった。それとともに，価値観のグローバル化を通して同じ倫理規準が普遍的に適用されるようになってきた。後者については，家畜の飼育や狩猟に関わる動物福祉，環境保全や国立公園に関わる自然保護政策について，倫理規準のグローバル化がみられる。またそこには，グリーンピース，世界自然保護基金（WWF）などの国際的非政府組織（NGO）のグローバルな活動が強く関与している。このようにグローバルな価値観が押し付けられることで，地域に根ざした自然への理解や自然への関与の仕方について，異論が唱えられたり，制約が生じることもある。

このような農村に関わるグローバル化のプロセスを確認すると，グローバル化は今日の農村変化の重要なファクターの1つであると言える。日本はもとより世界の農村が，程度の差こそあれ地球規模のネットワークに組み込まれ，その影響を受けている。そして，このようなグローバル化のプロセスは，牧歌的な田園，高生産性の大規模農業地域のように，特定の農村の表象（農村らしさ）を国による差異を超えて画一化する方向にも作用する。しかしながら，実際にはそれによって地球全体に差異のない農村空間が創出されるわけではなく，むしろ様々な点で異なった農村空間が地域性を保つ形で再構築されている（ウッズ，2018）。このようなダイナミズムを明らかにするところに，グローバル化時代の農村地理学の重要な課題があるといえよう。

3. グローバル化の中の日本農村

ウッズ（2018）をベースに筆者の見解も入れ，グローバル農村の特徴を仮説的に整理したのが表 4-1 である。ここでは 4 つの領域，すなわち経済，移動，社会，地域振興に分けて整理したが，現実を網羅した体系的整理ではなく，グローバル化によって再構築される農村の多様な姿を浮かび上がらせ，そこに潜在する構造を示そうとした。表 4-1 の日本の事例の中から特徴的な事象に絞って考えてみたい。

1）農村経済のグローバル化

日本に限らず世界的に見ても，農村経済でグローバル化の影響を強く受けているのは農業部門であろう。特に農産物貿易を通じた影響が大きい。日本の場合は第二次世界大戦後の農産物輸入の一貫した増大が特に重要であり，最初に麦・菜種といった裏作の作物が消滅させられ，さらに 1990 年代に入ると，オレンジ・牛肉など基幹作目も輸入自由化に追い込まれた。そして，主食として自給を堅持してきた米さえも，部分自由化に踏み切らざるを得なくなった。その結果，戦後の日本では，一貫して食料自給率が低下してきた。今や日本の食料供給はグローバルな商品連鎖の下になされているといえよう。このような日本の農産物輸入が国内農業にどのような影響を与えたかについてはここでは触れず，第 6 章で改めて論じることにしたい。

グローバルな農産物貿易が拡大する中で，土地に固着し移動させることのできない農業・農

表 4-1　グローバル農村の特徴と日本における例

		グローバル農村の特徴	日本における例
経済	1	農林水産物がグローバルな商品連鎖の下にある.	農産物の輸入と輸出
	2	多国籍アグリビジネスの進出を伴う農業のグローバル化が進んでいる.	種子，農薬などの農業資材供給のグローバル化
	3	品質や認証などのグローバルな統一化が進んでいる.	農業生産者や農産物を対象とする認証制度の普及
	4	立地工場がグローバルなネットワークの下にある.	自動車部品の工場
	5	グローバルに移動する労働者の供給地であり，雇用地でもある.	外国人労働者の雇用
移動	6	観光客が世界的規模で流入する.	外国人向け農村体験ツアー，農家民泊
	7	商業目的や居住目的を問わず，外国人の投資を呼び込んでいる.	不動産や事業への外国人の投資
	8	都市から農村へのライフスタイル移住が拡大している.	田園回帰
社会	9	雇用の変化，高齢化などにより社会の格差拡大がみられる.	雇用のリストラ・非正規化
	10	国際結婚や外国人の定住により社会のグローバル化が進む.	外国人の配偶者
	11	係争の場になりがちである.	太陽光発電，風力発電をめぐる賛否
地域振興	12	地域振興コンセプトのグローバル化が進む.	創造農村，美しい村連合
	13	文化のグローバルな評価が行われる.	世界文化遺産，ジオパーク
	14	自然とその管理に関するグローバルな言説が構築される.	地球温暖化対策と森林の保全
	15	景観がグローバルなファクターにより改変される.	インバウンド観光施設，外来種の侵入

（ウッズ（2018）を参照して著者作成）

村の価値を見直す動きが，ヨーロッパを中心とする農業保護を実施する諸国に広がった。これが多面的機能と呼ばれるものである。日本の食料・農業・農村基本法では農業の多面的機能を，「国土の保全，水源の涵養，自然環境の保全，良好な景観の形成，文化の伝承等，農村で農業生産活動が行われることにより生ずる，食料その他の農産物の供給の機能以外の多面にわたる機能」としている。多面的機能が主張される背景には，WTO などによる農業補助金の削減要求を乗り越える側面があり，明らかに政治的文脈が存在するが，理論的にはポスト生産主義との関連も重要である（市川，2017）。

多国籍アグリビジネスの進出も農業のグローバル化の兆候の 1 つである。種子，農薬，除草剤のような農業資材では世界的な巨大アグリビジネスによる支配が進んでいる。また消費者に直接関わる食料供給においても，食品加工，ファストフードレストランのように，グローバル企業が活動している。このように世界的に農産物や食料が流通し，グローバル企業が支配的になると，品質や認証の統一化が求められる。有機農産物も世界的な認証が必要な時代になっている。

農村の工業にもグローバル化の影響がみられる。1990 年代から工業立地のグローバル化が急速に進み，直接的に国際競争の激しい波に洗われはじめた。その典型は，戦後の高度経済成長期以降に農村に立地した労働集約型の工場であるが，より低廉な労働力を求めて海外立地が進み，工場の閉鎖や従業員の削減が行われるようになった。2000 年代に入って，東京一極集中と地方経済の衰退が言われるが，その要因としては公共事業の削減もあるが，工業立地のグローバル化が大きな要因となっている。また，工場が存続している場合でも，人口の高齢化に伴い労働力の調達に支障をきたしていることが多い。それゆえ，技能実習生のような外国人を雇用するケースも増えて来ている。

大内（1997）は，1990 年代の日本農村に対してグローバルシステムへの包摂を指摘し，それが工業回路（海外進出）と農業回路（農産物自由化）を通じてなされているとみた。このような構造はその後も持続しているが，上でみたように今日その回路はより多様化、複雑化している点が重要である。

2）移動のグローバル化と農村

日本では近年外国人観光客が急増している。2012 年には 604 万人であったものが，2018 年には 3 倍以上の 2,077 万人に達した。このような外国人が訪れてくる旅行をインバウンド（Inbound）と呼ぶ（それに対して日本人が海外に出かける旅行はアウトバウンド（Outbound））。初めて日本を訪れる外国人の多くは，東京，大阪などの大都市や，箱根，京都などの代表的観光地を訪れるが，2 度目以降になると「ディープな日本」への志向が強くなり，行き先の 1 つとして農村が選ばれるようになる。そのため，外国人向けの農村体験ツアーや，農村の古民家に観光客を呼び込む「農泊」が注目を浴びている。

実は，このような観光形態は，20 年以上前に，ヨーロッパに倣う形でグリーンツーリズムとして奨励されていた。その内容は，「都市の人々が農山村の民宿やペンション等に宿泊滞在して，農村生活や農林業体験等を通じて地域の人々と交流を行ったり，あるいは森・川・田園景観やふるさと的風景を楽しむなどの余暇活動」（依光・栗栖，1996）であり，滞在型であることに大きな特徴があった。しかし，実際の事業は，補助金を利用した体験施設や宿泊施設の整備が中心で，ヨーロッパのような農家民宿は定着しなかった。

近年のインバウンド観光は，このグリーンツーリズムを新たな形で再生させている。世界遺産，里山，街道などに，徒歩で旅行する欧米系のツーリストが増加しており，それが民宿やゲストハウスの新たな需要をもたらしている。このようなグリーンツーリズムの本場からの来訪により，農村の資源が再評価され，国内旅行者の行動にも影響を与えることが予想される。

農村のインバウンド観光の背後には農村側の要因もある。道路などのインフラや下水道などの生活環境の整備が進んだこと，世界文化遺産，重要伝統的建造物群，文化的景観などにより農村の文化資源の整備が進んだことも大きい。また，インバウンド観光の発展は，外国人観光客というヒトの側面だけでなく，外国人による不動産や事業への投資にも及んでいる。

近年の日本では，前章で述べた田園回帰という用語が定着しつつある。現象としては，都市住民の農村への移住と都市住民の農村への関心の高まりというトレンドに注目している。しかし，移住自体は多様な目的をもつ複合的な現象であり，統計的把握が難しい。また統計で明確に把握できるほど量的に大きなものではない。むしろ，この概念は主に，「移住者と農山村住民の相互関係（地域づくり論的田園回帰）」と「新しい都市－農山村関係（都市農村関係論的田園回帰）」の局面を経て，新たな都市と農山村の共生社会の創造をめざすビジョン（小田切・筒井，2016）として提起されているといえよう。

このような日本での現象は国際的にどう位置づけられるだろうか。これに関して，欧米の先進諸国で議論されているライフスタイル移住やアメニティ移住の概念が有用である。後者が快適性を求めるのに対し，前者は必ずしもそうではないので，後者は前者に含めることができよう。ライフスタイル移住を検討した石川（2018）によれば，以下のことが言える。この移住は，主に先進国の中間層が経済的動機以外の理由により行っている。例えば特定の場所に意義や価値を見出し，そこに自己実現の可能性を求めて移住が行われる。このライフスタイル移住と田園回帰に共通するのは，ネガティブに捉えられがちであった農山村を都市住民がポジティブに捉えている点である。しかし，異なる点もみられる。ライフスタイル移住では，受け入れ地域はもっぱら移住者の消費に期待するのに対し，田園回帰論では移住者の地域づくりへの参画を期待する。日本の田園回帰論は移住者の自己実現よりも受け入れる地域の振興に力点があり，強い政策志向がみられる点に特徴があると言えよう。

日本では，ライフスタイルと移住との関連についてはこれまで実証研究が少ない。環境・自然志向，農業志向，そして伝統文化を尊重する生活様式を追求する，LOHAS（Lifestyles of Health and Sustainability）概念と共通する価値観を主張する論者もあるが（谷垣，2017），そこには調査地である北海道の地域バイアスがかかっているように思われる。全国を対象とした調査では，図 4-1 のように，7 つのタイプを見出しており，上記よりもっと多様性があるように思われる。特に興味深いのは，性別年齢別には，中高年の女性がライフスタイル移住に関わりが強いことである。

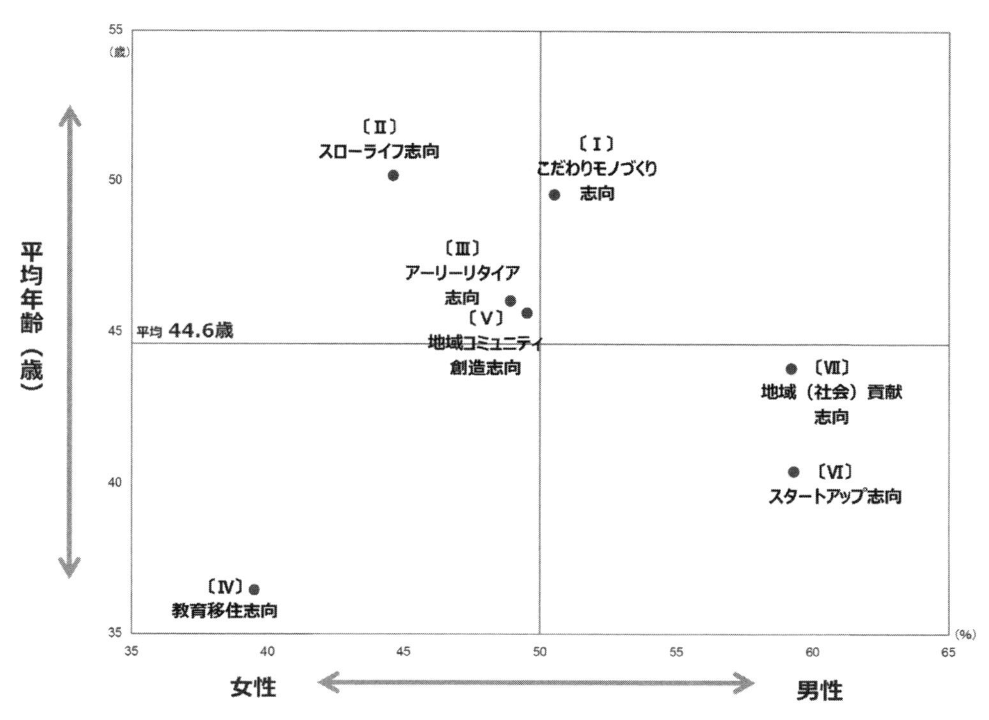

図 4-1　移住者のタイプと性別・年齢との関係（博報堂（株）の広報資料（2016 年 1 月））
調査は 2015 年 12 月．（https://www.hakuhodo.co.jp/uploads/2016/01/20160112.pdf）

3）農村社会のグローバル化

国際結婚や外国人の移住により，農村でも社会のグローバル化が進んでいる。これは，上述の移動のグローバル化がもたらした変化でもある。このうち，先行したのは国際結婚であり，グローバル化が言われるより前の 1980 年代頃から始まった。この頃にはすでに農村独身男性の結婚難が表面化しており，彼らの結婚相手を，中国やフィリピンなどのアジアの諸国から迎え入れる動きが強まっていた。このことは，外国人に関する諸データを分布図で示した石川（2011）からも明らかである。

しかし，農村の国際結婚が始まって時間が経ったにもかかわらず，「かわいそうなアジアからの花嫁」というステレオタイプな見方から脱していなかった。そこで武田（2011）は，結婚後の適応過程を検討することで，その後の女性たちのライフコースが多様化し，母国とのネットワークが意識的に維持されていることを明らかにした。また，国際結婚を通じて農村社会の行動特性にも言及している。すなわち，農村は「内部」に対しては社会的封鎖性を持つが，他方で生活条件が厳しければ厳しいほど，コミュニティとして存続するために「外部」との関係において資源を調達することが必要になる。このように考えると，「ムラの国際結婚」も歴史的に取り組まれてきた「生きるための工夫」の流れの中に位置づけることができる。そこから，土着性が今後も低下するグローバル化時代のコミュニティにとっては，他者を受容し包摂する柔軟性や開放性を持ったコミュニティづくりが課題であることになる。

雇用の不安定化が言われて久しい。非正規雇用比率は 1990 年代の後半から顕著に上昇し，

1994年の20.3%が2017年には37.3%まで上昇した。農村においては，高度成長期以降に立地した工場の雇用がパートタイムなどの非正規雇用が多く賃金が低いことが指摘されてきた。近年新たに伸びている高齢者福祉などのサービス業でも非正規従業者が多く，低賃金であるという点では従来と共通した面がみられる（加茂，2015）。

他方，高齢化による労働力不足は深刻となっている。農村でも上述した工業のみならず，農林水産業，建設業でも，技能実習生を中心に外国人を雇用するケースが増えて来ている。

4）地域振興のグローバル化

グローバル化時代の農村では，文化や自然という，その地域の基層部分に関してもグローバルな要素が現れてくる。例えば，地球温暖化対策や森林保全などに代表されるように，海外から入ってきた言説がその地域の自然に影響を持つようになり，また世界文化遺産のように，グローバルな機関による格付けが地域の観光を促進するケースも少なくない。

さらに，そうした文化や自然を積極的に評価してグローバルレベルの地域づくりを目指す取り組みも見られる。代表的な事例として「創造農村」論がある。

創造農村の定義は，「住民の自治と創意に基づいて，豊かな自然生態系を保全する中で固有の文化を育み，新たな芸術・科学・技術を導入し，職人的なものづくりと農林業の統合による自律的循環的な地域経済を備え，グローバルな環境問題や，あるいはローカルな地域社会の課題に対して，創造的問題解決を行えるような『創造の場』に富んだ農村」（佐々木ほか，2014）とされる。このような取り組みの根底にある農村の現状認識は，図4-2が明瞭に示している。人口減少の問題に弱みがあるのは当然としても，グローバル資本主義の脅威を設定している点が重要である。それに対抗しうる強みとして農産物と自然環境があげられ，さらに，「豊かさの再定義」という主体の意識に関わる問題が機会として示される。このように広範なパースペクティブを持つが，現代アートをはじめとする文化芸術のもつ創造性を重視しているところにも特徴があり，それはこの活動の支援に文化庁が加わっているところからも伺える。

プロジェクトとして，兵庫県篠山市，徳島県神山町，山形県鶴岡市，岡山県西粟倉村（にしあわくらそん），東京都利島（としま）村があげられているが，いずれも地域づくりではすでに先導的な実績をあげているところである。「創造農村」論を支えるモデル地域群といえよう。この議論の理論的側面については，杉山（2015）が検討しており，地理学的スケール感やモラル概念の看過を指摘し，ネオ内発的発展論の導入を提案している。

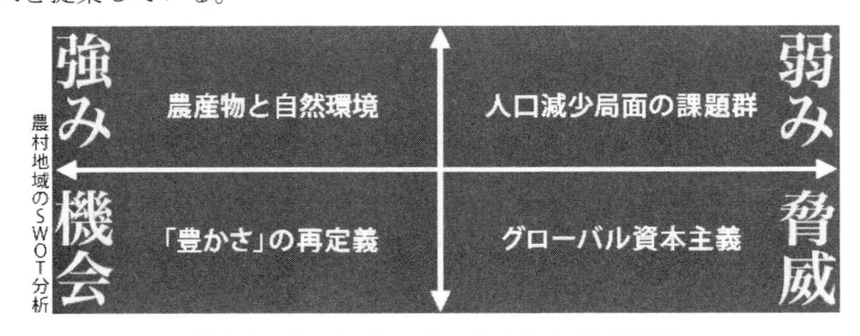

図4-2　創造農村における農村地域の現状理解
（創造農村のホームページ，http://creative-village.jp/condition/）

これまで内向きの傾向が強かった日本農村の地域振興もグローバルな視野を持ったものに変わりつつある。国連のSDGs（持続可能な開発目標）を踏まえて，グローバルな視野に立って地域の達成目標を考える時期に来ているといえよう。

［引用文献］

石川菜央（2018）「ライフスタイル移住の観点から見た日本の田園回帰」広島大学総合博物館研究報告 10.
石川義孝編（2011）『地図でみる日本の外国人』ナカニシヤ出版.
市川康夫（2017）「欧米圏における農業の多面的機能をめぐる議論と研究の展開－ポスト生産主義の限界と新しいパラダイムの構築に向けて－」人文地理 69-1.
ウッズ，M. 著／高柳長直・中川秀一監訳（2018）『ルーラル：農村とは何か』農林統計出版.
大内雅利（1994）「世界システムに組み込まれる日本農村」明治薬科大学研究紀要（人文科学・社会科学）24.
小田切徳美・筒井一伸編著（2016）『田園回帰の過去・現在・未来－移住者と創る新しい農山村（シリーズ田園回帰 3）』農山漁村文化協会.
加茂浩靖（2015）『人材・介護サービスと地域労働市場』古今書院.
コーエン，R.・ケネディ，P. 著／山之内靖監訳・伊藤　茂訳（2003）『グローバル・ソシオロジー I　格差と亀裂』平凡社.
佐々木雅幸・川井田祥子・萩原雅也編著（2014）『創造農村－過疎をクリエイティブに生きる戦略』学芸出版社.
人文地理学会編（2013）『人文地理学事典』丸善出版.
杉山武志（2015）「「創造農村」に関する概念的検討に向けて－地理学的視点からの提起－」人文地理 67-1.
武田里子（2011）『ムラの国際結婚再考－結婚移住女性と農村の社会変容』めこん.
谷垣雅之（2017）「農村地域への移住動機・心理特性に関する考察－北海道清里町・小清水町を事例として－」農村計画学会誌 36-1.
依光良三・栗栖祐子（1996）『グリーン・ツーリズムの可能性』日本経済評論社.

第5章　戦後日本の地域構造の変化と農村の変貌

1. 戦後農村の再編成

わが国の農村では明治以降徐々に商品経済化が進行した。平地農村はもちろん交通条件に恵まれない山村においてさえ，大正から昭和初期になると製炭や養蚕などの部門をはじめとして商品生産が展開していった。しかし,そうした動きも未だ部分的であった。この当時の農村は,自然生態系への依拠，食糧・消費財・生産投入財の自給という点で，自然経済の側面を残し，強い自律性を保っていた。消費財や投入財が商品化されている場合でも，それは地域内の循環によっていたし，土地や労働力の商品化は多くの場合未だ弱かった。農村と自然生態系との結びつきは農林業を介して保たれ，人口の再生産力も保持されていた。このように，近代日本の農村では，自然生態系に依拠した伝統的な経済システムが存続し，村落社会も強い自律性を保持していた。

そのような農村の状況は，戦前の中国山地の山村における地域資源の利用をモデル化した永田（1988）の図5-1からも読みとれる。山，里山・傾斜畑，水田という地形単位ごとに地目と作目との固有の結合がみられ，またそれぞれの地目の間に有機的・連鎖的なシステムが形成されていた。地域の自然生態系を様々な形で活用して生活が営まれていたことがわかる。低地の

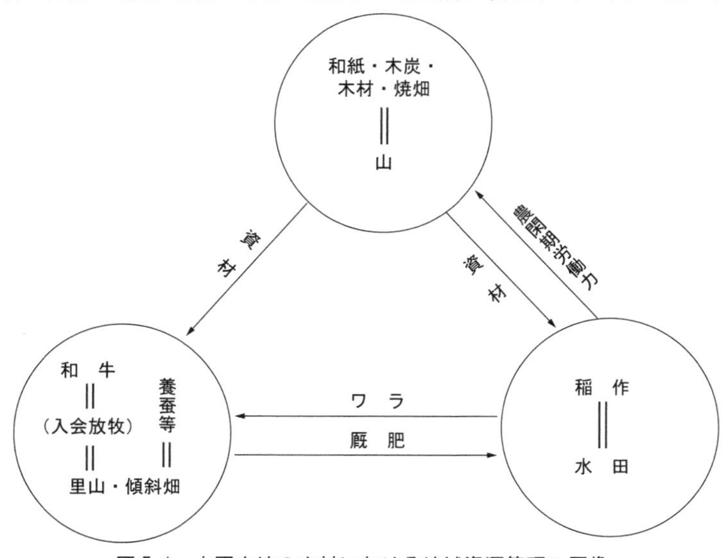

図5-1　中国山地の山村における地域資源管理の原像
（永田恵十郎（1988）『地域資源の国民的利用－新しい視座を定めるために－』農山漁村文化協会）

場合は，野間（2009）が歴史生態システムの概念により考察している。

第二次世界大戦後も高度経済成長期の前まではこのような状況が存続していた。しかし，高度経済成長期に入ると日本の農村はきわめて大きな変化を経験する。それは第 1 章でみたように，自然生態系に依拠して長く存続してきた社会が商品経済の地域構造の中に完全に巻き込まれ，自然生態系との結びつきを弱めていくプロセスであった。生産と消費双方において市場経済への統合が進み，農村は単に農林業における商品生産だけでなく，非農林業部門あるいは都市地域に対して，稀少資源である土地や労働力を供給することで役割を果たすことになった。この時期にはじめてわが国の農村は，伝統社会から引き継いだ構造を根底から揺さぶられることになった。このような変化は他の先進国農村でも経験されたことであるが，わが国の場合それがきわめて短期間に起こったことが特筆される。

農業は第二次世界大戦後，第 7 章で述べる農地改革などの戦後改革の実施や食糧増産政策により，一時的に発展的傾向を示した。戦後の混乱期における食料不足もあって，農地の開拓が行われ，農業への就業人口も増加した。

戦後復興が進み経済成長が軌道に乗るにつれて，都市の農産物需要増大が対応して商業的農業の発展がみられた。こうした農業の変化過程に対して農業政策の関与は特に大きく，中でも農業基本法（1961 年）がその後の農政の方向を決定づけた。しかしながら，その後，農家の多くは兼業化の道をたどったため，自立経営農家の育成は想定通りには進まなかった。そうした中で，多くの農家では，機械化により省力可能で，価格が相対的に安定した稲作に傾斜する傾向がみられた。

農村・農家の労働力は高度経済成長期以降に拡大した農外労働市場への包摂が進んだ。若年層を中心とした都市部への就職転出，中高年層の在宅による兼業化が一般化していった。ただし，通勤可能な地域労働市場の展開が弱い農山村では，人口流出が進行し過疎問題が深刻化した。

また土地市場の影響も大きく，工業用地，住宅用地などの農外からの土地需要の増大によって，農地転用が都市周辺部の農村を中心に急増した。これらの非農業的要素の拡大にともない，都市近郊農村では地域社会の構成員が大きく変化し，新住民と旧住民の混住化が問題として注目されるようになった。

以上のように，高度経済成長はわが国の農村に，過疎問題をはじめとして多くの問題を生じさせた。それは確かに日本の農村の衰退をまねく面があったが，一方でこの時期の農業・農村をめぐる問題に対して，政府は様々の政策的対処を行ってきた。稲作の保護政策の継続（食糧管理制度の維持，1970 年からの米の生産調整政策の実施），農業・農村への公共投資の拡大，過疎法（1970 年）や山村振興法（1965 年）などによる地域振興対策の強化，農村工業導入政策の実施など，国内の閉鎖的枠組みを前提とした政策的措置を動員して，農業・農村の維持システムが構築されていった。

しかし 1990 年代に入ると，そのような維持システムの転換を余儀なくさせる大きな変化が現れる。農産物貿易の自由化は牛肉，オレンジといった基幹作目にまで及び（1991 年実施），聖域といわれた米さえも 1993 年末に，部分自由化を実施することになった。また，それまで輸入の少なかった野菜についても中国をはじめとする近隣アジア諸国からの輸入が激増し，国内産地を脅かすようになった。一方で，財政の逼迫，農業政策の規制緩和，デフレ不況による農産物価格の下落といった国内問題も生じ，それまでの国内志向の農業・農村維持システムを持続することが困難になった。そこで，1999年には，40年近く機能してきた旧農業基本法が廃止され，食糧・農業・農村基本法が施行された。そこでは，農業の持続的発展のみならず，食料の安定供給や多面的機能の発揮，農村の振興といった広範な領域を政策対象にしている。

2000年代にはさらに農村に大きな変化が生じる。小泉内閣(2001 − 2006)の下で着手された，一連の新自由主義的な構造改革の影響である。郵政事業の民営化，財政改革，公共事業の削減などであるが，さらに平成の大合併は市町村数を1999年の3,229から2010年には1,727に大きく減少させた。このような政策の変化は，次に述べる地域構造の変化と連動しながら，日本の農村を新たな再編の波の中に追い込んでいる。

2. 中心周辺構造の形成

日本の農村の変貌は，農村を取り囲む国全体の地域構造の中で捉える必要がある。なぜなら，農村経済の態様は，それらが所在する広域の地域によって大きな違いがあるからである。本節および第4節は，主にこのような考えに基づく岡橋（1997）に従って述べる。

戦後日本の地域構造（国土構造）は，高度経済成長期を経て大きく変化した。それは，後進国型の二重構造から先進国型の求心的構成への変化（山川，1988），あるいは都市・農村の分断構造から中心・周辺の統合構造への変化（山本，1986）である。それゆえ，現代の大都市と地方との関係は，古典的な都市と農村の分業関係，つまり農業と工業というような異質の経済構造をもつ地域間の相互関係ではなく，工業のように同質的な単一の生産体系における中心と周辺の関係に変化している。わが国の地域構造は，都市・農村の二重構造から中心・周辺という統合構造へ再編されたといえよう。その結果，多くの地方の農村は周辺地域としての性格を強めてきた。それは安東（1986）の言う「貧しい底辺」から「豊かな縁辺」への移行でもあった。

わが国の中心周辺構造は，表5-1のように整理できる。日本の地域構造は，基本的に3つの地帯の構成，すなわち①巨大都市圏，②太平洋ベルト地帯，③国土周辺部からなるものとして捉えられる。それぞれの地帯の中心周辺構造における位置は，①が中心，②が半周辺，③が周辺とみることができ，また主な地域は，①が首都圏，②が近畿圏，中部圏，瀬戸内，北九州，東北南部など，③は北海道，北東北，中南九州など，という広がりを持つ。

各地帯間には表5-1にみられるように機能に大きな差があり，それだけでなく一定の分業関係も認められる。中枢管理機能では，首都および世界都市である東京を擁する①が最高次の意思決定・管理機能をもつのに対し，②では企業にせよ，国にせよ，広域ブロックレベルの統括機能となり，③では県域レベルの管理機能に縮小する。工業生産や企業の拠点配置には地域間の分業がうかがわれる。工業生産では，①は研究開発，文化産業に特化し，②は試作・総合組立，③では素材や部品加工が卓越する。企業の拠点配置では，①の本社を頂点に，②から③へ階層的に支社，支店，営業所が置かれるという垂直的な分業がうかがわれる。サービス産業で

表5-1　現代日本の地域構造－地帯構成と地域特性

	①巨大都市圏	②太平洋ベルト地帯	③国土周辺部
中心・周辺	中心	半周辺	周辺
主な地域	首都圏	近畿圏，中部圏，瀬戸内，北九州，東北南部など	北海道，北東北，中南九州など
主な都市	東京	大阪，名古屋，広域中心都市（札幌，仙台，広島，福岡）	県庁所在地
中枢管理機能（管理領域）	最高次の意思決定・管理機能 世界・全国レベル	比較的高次の管理機能 広域ブロックレベル	低次の管理機能 県域レベル
工業生産機能（特徴的な工程）	最終完成財 研究開発，文化産業	試作，総合組立	素材・中間財 一次加工，部品加工・組立
企業の拠点配置	本社	（本社），支社，支店	支店，営業所
サービス産業の類型	金融．情報，文化	金融，情報，生産関連	流通・消費
中心的なサービス	対事業所サービス，中間投入サービス		個人消費サービス，最終消費サービス
都市機能の類型	最高次都市機能（世界都市）	高次都市機能（広域中心都市）	低次都市機能（地域中心都市）
都市機能の多様性	多角化		単一化
都市（圏）の自律性	大	中	小
地域経済の動向	急成長地域	成長地域	停滞・衰退地域

（田村（1989）を参考にして著者作成）

も①では対事業所サービスが，③では個人消費サービスが中心となるように，大きな違いがある。その結果，都市機能も最高次の世界都市機能から生活圏を対象とする低次都市機能まで大きな差異が生じている。国土の中心周辺構造は，高度な地域間分業のシステムであり，地帯間に格差をもたらしている。

このような構造が形成されたのは戦後の高度経済成長期である。まず工業地域が三大都市圏の外へ拡大し，太平洋ベルト地帯の「半周辺地域」化を広く促進した。その際，後述するように全国総合開発計画が工業の基盤整備に大きく寄与した。また，戦後の大量生産と寡占化は，国内市場掌握のための支店配置を推し進め，それが広域中心都市に代表される流通商業都市の形成につながり，ここでも「半周辺地域」の全国的形成が進んだ。その代表は札幌，仙台，広島，福岡といった広域中心都市である。安定成長期に入って以降は，分工場による階層的分散が重要な意味をもつようになり，国土周辺部にも工業化が部分的に進行した。

しかし，円高の進行に伴い1990年代以降になると，工業立地のグローバル化が進み，特に中国への進出が増加して，国土周辺部まで広がった国内の工業生産は徐々に後退していく。工業生産システムは，国内完結型の地域間分業ではなく，国際的な分業に依存した形に移行していった。

3．国土開発の進展

戦後日本の地域構造は，国が推進した地域政策に大きな影響を受けている。その中心となったのは1950年に制定された国土総合開発法である。国土の自然的条件を考慮して，国土を総合的に利用・開発・保全し，産業立地の適正化を図ることで，経済発展を進めようとした。

表 5-2　戦後日本の国土開発政策

	策定年	時代背景	基本目標	開発方式	主要施策
特定地域総合開発計画	1951	戦後復興期	国土保全と資源開発，経済復興	河川総合開発方式	多目的ダム
全国総合開発計画（全総）	1962	高度成長経済への移行期	地域間の均衡ある発展	拠点開発構想	新産業都市，工業整備特別地域
新全国総合開発計画（新全総）	1969	高度経済成長期，過密・過疎問題	豊かな環境の創造	大規模プロジェクト構想	交通ネットワーク，大規模工業基地
第三次全国総合開発計画（三全総）	1977	安定成長期	人間居住の総合的環境の整備	定住構想	モデル定住圏，テクノポリス
第四次全国総合開発計画（四全総）	1987	バブル経済期，東京一極集中	多極分散型国土の構築	交流ネットワーク構想	高速道路の延長，政府機関の移転，リゾート法など
21 世紀の国土のグランドデザイン	1998	グローバル化時代，人口減少時代	多軸型国土構造の形成	参加と連携	地域連携軸，多自然居住地域など

（国土庁資料などにより著者作成）

2005 年に国土総合開発法に代わる国土形成計画法が施行されるまで，約 50 年にわたり機能した。表 5-2 はそれらの一覧である。個々の計画の詳細と政策効果の検証は矢田（2017）を参照されたい。以下，順に見ておく。

真っ先に着手されたのは，特定地域総合開発計画であり，アメリカ合衆国の TVA（テネシー川流域開発公社）をモデルとして，多目的ダムによる河川総合開発が行われた。国土保全と同時に資源開発を行い，戦後復興のための食糧，木材，電力等の必要物資の確保こそが狙いであった。1951 年に 19 地域，1957 年に 3 地域が追加指定され，1967 年度で全地域の計画が終了した。しかし，地域の活性化には十分な成果を上げることはできなかった。それは，奥地山村の巨大ダムの開発が多く，道路開発，建設事業により社会基盤は向上したものの，TVA のように地域経済の発展にはつながらず，水没による離村が逆に人口流出を加速する結果となったためである。

日本の高度経済成長が始まる 1960 年代に入ると全国総合開発計画が策定され，地域開発，工業開発の中心的役割を果たすことになる。1962 年に登場した全国総合開発計画（全総）はその嚆矢であり，1960 年の「国民所得倍増計画」に呼応して，地域間の均衡ある発展を実現するために拠点開発方式を採用した。これは，工業開発を全国的に展開するために，社会資本（道路，工業用地，港湾，工業用水など）整備を拠点に集中的に行うことが主眼であった。図 5-2 は，当時の時代情勢，施策の内容，主な狙いなどによりこの計画の全体像を示しているが（矢田，2017），そこからは，エネルギー革命，農山村の過疎化，国内鉱物資源の放棄や公害問題など，当時の日本が多くの矛盾を抱えていたことがわかる。拠点として，15 地域の新産業都市，6 地区の工業整備特別地域が指定され，地域間の均衡ある発展の理念に沿って全国的に分散して指定された。しかし，それらの内，実際に企業が立地し工業化に成功した地域は，太平洋ベルト地帯に限られていた。この工業化により，岡山県や茨城県のように，それまでの農業県が工業県に変わった例は少なくない。しかし，日本海側や国土周辺部では社会基盤は整備されたものの，工業立地は期待通りに進まなかった。こうして全総は太平洋ベルト地帯諸県の「半周辺地

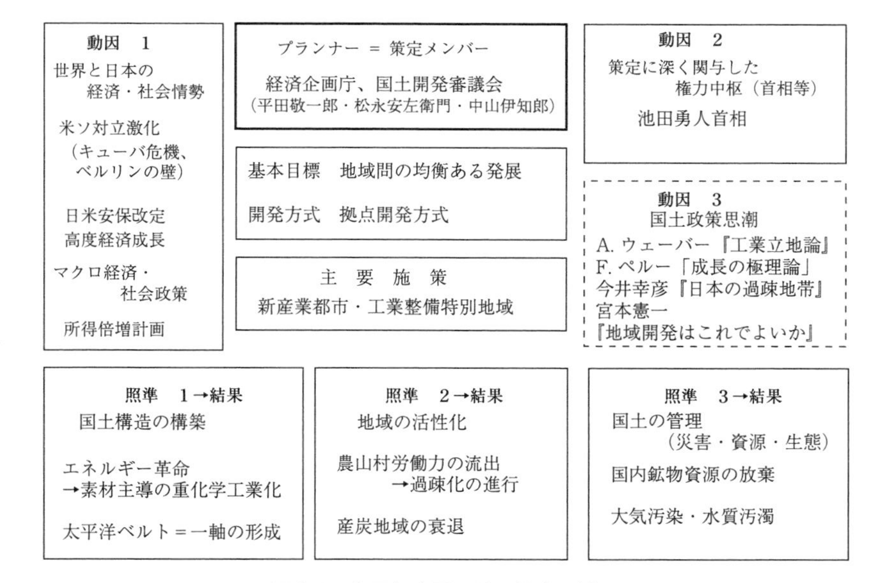

図 5-2　全国総合開発計画策定の構図
（矢田俊文（2017）『国土政策論（上）　産業基盤整備編（矢田俊文著作集第3巻）』原書房）

域」化には大いに貢献したが，それ以外の地域との格差をむしろ拡大させた。

第二次全国総合開発計画（新全総）（1969年）は，工業化を太平洋ベルト地帯のさらに外側の国土周辺部に誘導すべく，大規模開発プロジェクトを推進する方式が採られた。新幹線網，高速道路網，港湾，空港などの全国ネットワークとともに，大規模工業基地といった形で産業基盤が整備された。新幹線や高速道路のような全国的な交通ネットワークはその後実現したが，大規模工業基地の開発はむつ・小川原に典型的なように，その後想定したようには進まなかった。

低成長期に入ると全国総合開発計画の内容も従来の開発志向から地域志向に転換していった。1977年の第三次全国総合開発計画（三全総）では地方の時代を目指して定住圏構想が唱えられた。第四次全国総合開発計画（四全総）（1989年）は交流ネットワークを重視した多極分散型国土の形成を唱えたが，農村との関連では，個性豊かな地域づくりや森林や水などの国土保全に目配りしている点が注目される。五全総に当たる「21世紀の国土のグランドデザイン」（1998年）は，国土軸と地域連携軸による多軸型国土構造を打ち出した。五全総としなかったのは，それまでの国中心，開発中心の国土計画の考え方とは一線を画す意味があった。農山漁村等の豊かな自然に恵まれた地域を「多自然居住地域」として，都市的サービスとゆとりある居住環境をともに享受できる圏域として農村地域に光を当てた。

2005年には国土総合開発法が国土形成計画法に改正され，これまでの全国総合開発計画に代わって，新たに国土形成計画が策定されることになった。そこにみられる変化は国土政策の「開発中心主義からの転換」であり，今後は国連によるSDGs（持続可能な開発目標）にも関わる持続可能性が重要課題となってくると考えられる。

農村地域にとっては，条件不利地域の地域振興のための一連の政策も重要な役割を果たしてきた。前章で見た「過疎法」（現行は過疎地域自立促進特別措置法）の他に，離島振興法（1953

年制定)，山村振興法（1965 年制定)，豪雪地帯対策特別措置法（1962 年制定)，半島振興法（1985 年制定）がある。

2014 年からは，安倍政権の下で内閣府が主導する地方創生政策が実施されており，まち・ひと・しごと創生「長期ビジョン」と「総合戦略」により総合的な地域づくりが行われている。

以上のように，戦後の地域政策の流れを振り返ると，国土の枠組みを改変する国土開発から，個別地域の主体性に重点を移した地方創生へと，大きな変化が認められる。

4. 農村経済の構造変化と「周辺地域」化

日本の農村経済は，高度経済成長期後半になって再編が進んだ。農村の工業化や政府の財政支出によって，農林漁業以外の部門での経済成長と雇用の拡大が実現したのである。その第一の成長部門は，第 2 節で述べた，地方に分散した工業であった。電機・自動車部品・衣服などの労働集約型の産業が中心で，企業内地域間分業の下での下請け階層構造や女性比率の高い労働力編成を特徴としていた（末吉，1999；友澤，1999)。分工場は低廉な労働力を求めて農村地域に広く立地し，女性労働力，特に農家の主婦労働力を吸収した。図 5-3 は市区町村別に製造業就業者数の分布を示したものであるが，工業化がいかに広範な農村地域に及んでいたかを窺うことができる。

もう 1 つの成長部門は公共投資（道路，河川，治山，災害復旧，土地改良などの土木工事）に依存した建設業であった。1970 年代には財政資金が地方の農村部に傾斜配分されたこともあり，建設業は経済面で大きな役割を果たした。この場合は，農業に就業していた男性を中心に中高年労働力が吸収された。

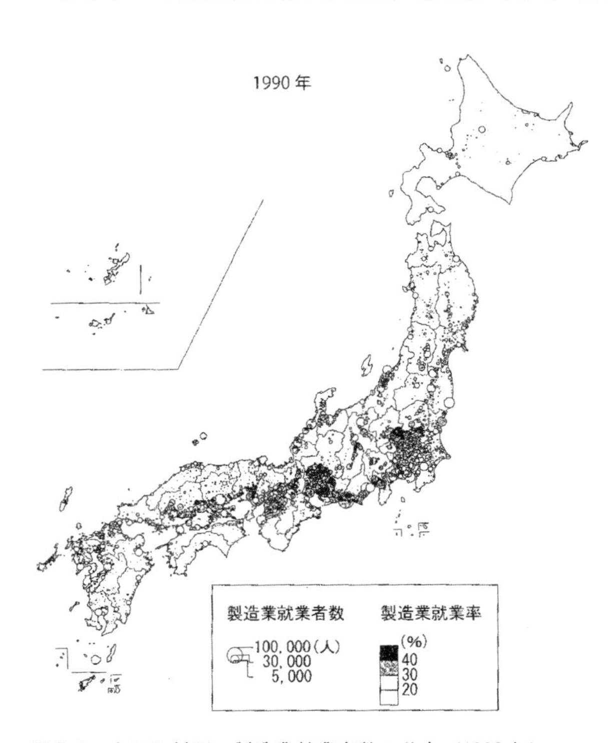

図 5-3　市区町村別の製造業就業者数の分布（1990 年）
（鹿嶋　洋（2019）「日本における工業雇用の地域的変動と地方圏工業の人材獲得戦略」経済地理学年報 65-4）

以上の 2 種類の雇用機会は，広範な分散性，単純労働力の需要という点で共通の性格をもっていたため，広く農村地域に影響を与えた。世帯主のみならず家族構成員の多くが農外で働く多就業構造の形成が可能となり，在宅での農外就業が農村で拡大していった。このようにして農村地域には，外部依存性が高く不安定な「周辺型経済」が形成された。

拡大した地域労働市場の性格はどのようなものであったのだろうか。まず農村の工場は，2 つのタイプの労働市場，県レベルの平均賃金を実現した「第1の型」の労働市場と，日給月給で最低賃金に近い賃金水準の「第2の型」の労働市場を生み出した。図5-4は愛知県の三河山間地域の例であるが，前者は，県レベルの高い賃金，良好な労働条件，雇用の安定性を特徴とし，主に公務員より構成される。後者は，建設労働や工場労働からなるが，低い賃金で年齢による加給がないこと，日給月給に象徴される労働条件の悪さ，企業内昇進の可能性の低さ，雇用の不安定性（臨時雇用，パート），労働組合の未組織性を特徴としていた。しかしながら，雇用者数で多かったのは圧倒的に「第2の型」であった。当時，工場の誘致が過疎克服の切札となると考えられ，多くの山村自治体が積極的に取り組んだが，結果的に若年層の定着にはあまり効果がなかった。それは立地した工場には「第2の型」の労働市場が多かったというミスマッチのためであった。他方，建設業は公共事業の拡大の中で成長を遂げ，日雇労働市場を拡大していったが，一部に賃金水準の高い労働市場も形成した。特に建設機械のオペレーター層がそれに該当し，若年層の定着がみられる。以上のような地域労働市場の展開は，所得面でも大きな変化をもたらした。農業所得から給与所得に収入の中心が移行するとともに，家族構成員がさまざまな職業に従事する多就業構造が一般化し，それによって世帯所得の向上もみられた。

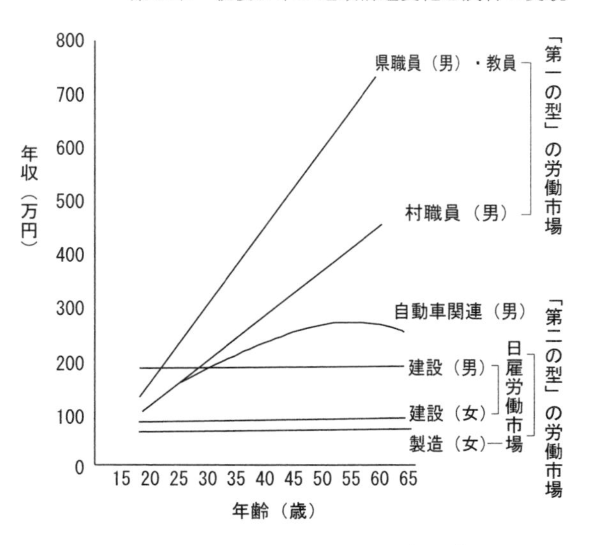

図5-4　三河山間地域における労働市場の賃金モデル（1977年）
（岡橋秀典（1992）「農村の産業経済」（石井素介編『産業経済地理－日本』朝倉書店）

農村の地域労働市場の構造は，国土周辺部の農村ではより重層化している。友澤（1989）による図5-5の熊本県の島嶼部である天草地方の例では，不安定労働者の層が厚く，出稼ぎや域外再就職のプールとなっていることがわかる。このような状況は東北地方の北部でもみられるであろう。農村の中でも労働市場の格差構造を内包している点に留意する必要がある。

こうして農村経済は，農林業生産だけでなく，工業や建設業，第3次産業といった非農林漁業部門の全国的な地域的分業体系の中に位置づけられ，その一端を担うようになった。そのため，経済力の集中する「中心地域」への従属性が強まり，「周辺地域」としての性格が明瞭となっていった。住民の急速な賃労働者化が進むとともに，低賃金ではあっても家族構成員の多就業によって世帯所得の向上が見られた。他方，これらの地域が持っていた固有の生業はほとんど姿を消し，伝統的な地域性が失われていった。移出型の地場産業（農林水産業，工業，観光等）の意義は総じて小さく，その成長は主に外部からもたらされたものであった。国家および地方自治体の財政規模の拡大，地域政策の展開は，地域経済の財政トランスファーへの依存度を著しく増大させ，政府依存的な経済構造の形成はさらに政治・社会面での従属性を強化していった。公共投資に依存する建設業では，入札過程や選挙を通じてそのような性格が明瞭に認めら

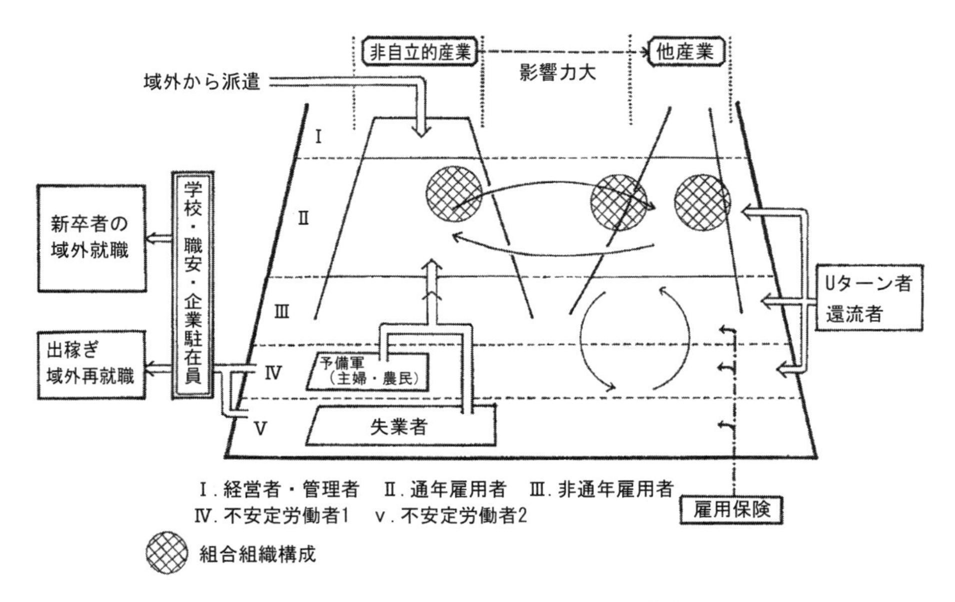

図 5-5　天草地方における労働市場の構造
（友澤和夫（1989）「わが国周辺地域における「非自立的産業」の展開と地域労働市場の構造－熊本県天草地方を事例として－」経済地理学年報 35-3）

れる（梶田，1998）。

このような外部依存の「周辺型経済」に問題があることは早くから認識されていた。1980 年代に，「むらおこし」という自力自助型の経済発展戦略がこれらの地域で注目をあびたのもそのためであった。1990 年代に入ると，1980 年代末のリゾート開発ブームがバブル崩壊で行き詰まり，さらに工業さえも農村地域からの撤退が増加した。さらに公共投資も削減されるようになり，建設業の雇用も減少に転じた。このように「周辺型経済」の存続は困難になってきている。

5．グローバル化・知識経済化時代の地域構造と農村空間

2000 年代に入ると，グローバル化とともに知識経済化も日本経済にとって重要なファクターになってくる。高度経済成長期には三大都市圏が「中心」として機能していたが，経済のグローバル化により世界都市として高次の国際機能をもつ東京の地位が急速に高まり，大阪，名古屋の地位を凌駕するようになった。また，知識経済化の進行も情報や文化などの対事業所サービスを拡大し，大都市の役割を高める方向に作用する。他方，産業構造調整の中で地方に立地した工業の再編・淘汰が生じ，また公共事業の縮小により国土周辺部の建設業が後退して，非大都市圏の経済の低迷がみられた。こうして，東京一極集中と言われるような地域経済の格差拡大がみられるようになった。

こうした中で農村では，それまでの「周辺型経済」に代わる新たな部門が現れつつある。高齢者福祉やツーリズムなどのサービス部門を中心に従事者が増えている。また農業部門でも，六次産業化のように，加工や直売所のようなサービス化の動きも生じている。また，高度経済

成長期以降に立地した工業においても，大量生産型のフォード主義からポストフォード主義への転換が求められている。知識経済化の進行に見合った形で，農村経済にも新たな動きが生じているといえよう。

ただし，農村の生活を維持していた多就業構造の持続可能性が失われつつある点が重要である（中澤，2018）。それは農業所得の貢献度が小さくなった上に，農外就労機会の所得形成力も低下したからである。今日の農村地域の基盤産業となっている医療福祉サービスは，女性に偏りかつ低賃金である。また男性の雇用は今日でも製造業が重要であるが，工場が集約される中で間接雇用の非正規労働者が増えている。こうして雇用が不安定化するとともに，賃金も低位に留まるメカニズムが非大都市圏の農村には存在するように思われる。田園回帰現象のもう一方に存在するこのような事実にも注目する必要があろう。

こうした中で，農林業自体は零細ながらも自給的な形で維持される場合が多い。それは高齢者の定住とともに，こうした地域の社会を存続させる役割を果たしている。

［引用文献］

安東誠一（1986）『地方の経済学－「発展なき成長」を超えて』日本経済新聞社.
岡橋秀典（1997）『周辺地域の存立構造－現代山村の形成と展開』大明堂.
鹿嶋　洋（2019）「日本における工業雇用の地域的変動と地方圏工業の人材獲得戦略」経済地理学年報 65-4.
梶田　真（1998）「奥地山村における地元建設業者の存立基盤－島根県羽須美村を事例として」経済地理学年報 44-4.
末吉健治（1999）『企業内地域間分業と農村工業化－電機・衣服工業の地方分散と農村の地域的生産体系』大明堂.
田村　均（1989）「地域的分業とは」（赤羽孝之・山本　茂編『現代社会の地理学』古今書院）.
友澤和夫（1989）「わが国周辺地域における「非自立的産業」の展開と地域労働市場の構造－熊本県天草地方を事例として－」経済地理学年報 35-3.
友澤和夫（1999）『工業空間の形成と構造』大明堂.
永田恵十郎（1988）『地域資源の国民的利用－新しい視座を定めるために－』農山漁村文化協会.
中澤高志（2018）「地域労働市場」（経済地理学会編『キーワードで読む経済地理学』原書房）.
野間晴雄（2009）『低地の歴史生態システム－日本の比較稲作社会論－』関西大学出版部.
矢田俊文（2017）『国土政策論（上）　産業基盤整備編（矢田俊文著作集第3巻）』原書房.
山川充夫（1986）「国民経済の地域構造論の到達点と課題」（川島哲郎編『経済地理学』朝倉書店）.
山本健児（1986）「所得の分布と変動－国民経済の地域的統合とのかかわり－」（朝野洋一，寺阪昭信，北村嘉行編著『地域の概念と地域構造』大明堂）.

第6章　現代の食と農

1. 新たな食の時代

現代人にとって農業や農村との接点といえば，食べることが第一にあがってくるだろう。視点を変えれば，我々は食を通じて日々農業や農村とつながっているとも言えよう。しかしながら，よく考えてみると，食をめぐる消費と生産の関係は，地産地消が中心であった時代ほど単純ではなくなっており，不分明になっている。

まず，日々の食事について考えてみよう。我々と食との結びつきは近年大きく変化し，より複雑になっている。長く食事は内食，すなわち，食材を小売店で購入し，家庭内で調理し，家で食べる形態が一般的であった。家族が揃って外で食べることは多くの場合非日常的な行為であり，特別な理由（お祝いなど）がある時に限られていた。しかし高度経済成長期を経て，ファミリーレストランのように，文字通り家族が外で食事をする外食の形態が広く普及した。さらに今日では，コンビニ・スーパーの弁当や惣菜のように，家庭外で調理・加工された食品を家に持ち帰ったり，職場・学校・屋外等へ持参して，食事をすることが増えている。これは，内食と外食の中間的形態であるという意味で中食と呼ばれる。

このように，外食にせよ，中食にせよ，食の外部化が急速に進んでいる。これは，鴻巣（2004）によれば，女性の社会進出，人口の高齢化の進展，少子化・核家族化，単身世帯や夫婦のみ世帯の増加といった世帯構造の変化，ライフスタイルの変化によって促されてきた。需要サイドのこのような変化は，供給サイドに，コンビニエンスストア，外食産業，惣菜などを供給する中食産業，宅配サービスなどの主体を登場させ，また相互間の関係を生み出してきた。さらに，農産物の供給構造にも大きな影響を及ぼしている。図6-1は野菜について主体間の連携関係を示したものであるが，カット野菜業者や惣菜製造業者などの存在を知ることができる。この図は国内生産の野菜に限られているが，輸入野菜も外食産業や中食産業に使用されている。

このように複雑な食の連鎖（フードチェーン，後述）が我々を取り巻いているが，普段はそのことに格段注意を向けることもない。しかしながら，否応なくその実態に気づかされることがある。1つは食品が手に入らなくなった時である。2017年にポテトチップスが一時的に店頭から消えて話題になったことがあるが，そのお陰で食品加工産業と原料産地との結びつきが可視化された。商品が不足したのは，北海道のじゃがいも産地が台風で被災し原料不足を招いたことが直接の原因であるが，契約栽培の産地が北海道に集中していたことも要因となった。それゆえ，その後供給地の分散策がとられたのである。もっと深刻な事例は災害時であり，食料

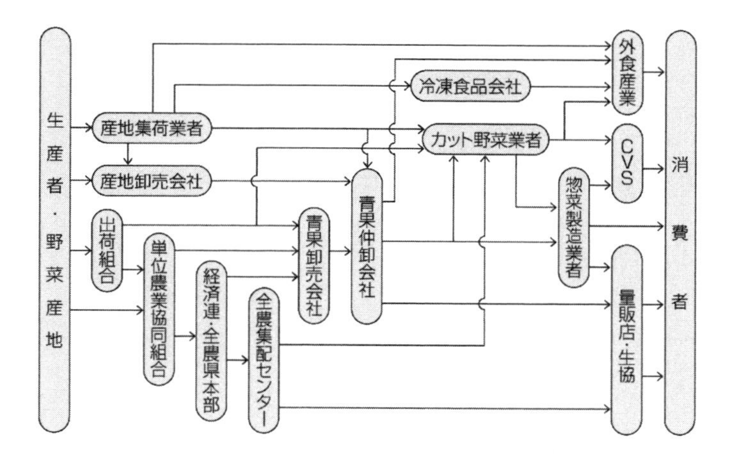

図 6-1　野菜供給における主体間の連携関係の概念図
（鴻巣　正（2004）「「食」の外部化の進展と食品企業の成長－「川下」の変化と国産農産物の課題－」調査と情報（農林中金総合研究所）206）

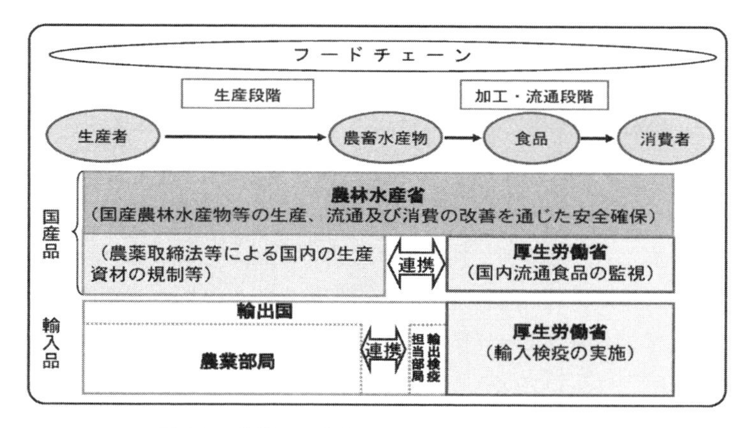

図 6-2　農場から食卓までの安全確保の仕組み
（東海農政局「食品の安全って何だろう－食品安全の基礎知識」（https://www.maff.go.jp/tokai/kikaku/renkei/pdf/280721-0725_gifuzyoshi_kougisiryou.pdf#search=%27 食の安全性 %27））

供給が断たれて初めてそのシステムの脆弱性に気づかされることになる。それは現代の食料の生産と消費が，遠距離の輸送を伴う流通システムによりようやく成立していることによる。もう1つは食品の安全性が損なわれた時である。有害微生物や有害化学物質による食中毒，残留農薬，毒物や異物の混入，BSE などによる病気感染など多岐にわたるが，いずれも消費者に直接被害を与えかねない事態であるだけに，食との結びつき方に敏感にならざるを得ない。実際，安全確保の仕組みも，生産者，農畜水産物，食品，消費者に至るフードチェーンと国産品・輸入品の別に基づき構築されている（図 6-2)。しかし，食の安全性の問題は検査や分析などの技術や制度にとどまらない。これに関して，荒木（2006）は鳥インフルエンザの事例により，イメージとしての安全性がスーパーにとって重要な意味を持ったことを指摘している。

以上から，現在の食の時代は，農産物が潤沢かつ円滑に供給されることを前提としているが，その背後には複雑な食の連鎖（フードチェーン）が存在することが明らかである。そのような仕組み（フードシステム）はどのようにして成立したのだろうか，またこのような食の需要に応える農業とはどのようなものなのだろうか。我々はまず歴史的な俯瞰から始め，それから現在の全体的なシステムに考察の手を伸ばすことにしたい。以下，これらの点について検討する。

2. 農業の産業化

上述した食の変化は，人類史における農業の変革によって可能となった。農業の歴史を 3 つの大きな変革の波として捉えれば，3 つ目の産業化（Industrialization）が重要な意味をもつ。ここでは主に Troughton（1986）と Bowler（1992）に依りながら，その変化を概観し，産業化の意義を確認しておきたい（表 6-1）。

第 1 の変革は約 1 万年前の農業の成立と拡大である。野生の動植物群を人為的に生育可能な作物や家畜に置き換えることにより，狩猟・採集から農耕・牧畜への移行が行われた。地表面の連続的な利用や定住生活が可能となったため，生存目的の自給的農業を基礎とした農村社会が広い地域で成立した。野生の動植物群から選び出された作物や家畜は，限られた原産地から伝播していき，各地に特色ある農耕文化を成立させた。熱帯地域で焼畑を行う移動式農業，砂漠・ステップ・ツンドラなどでの遊牧，アジアに広く広がる集約的自給的稲作農業と集約的自給的畑作農業など，今日でも多くの農業が商品生産を一部導入しながらも，このような第 1 の変革の延長上にある。食という点では，農業の成立と定住化は余剰食料や食料の貯蔵をもたらし，農業に従事しない階層を生み出すことになったが，あくまでも生産された地域とその近傍で消費されるのが基本であったので，利用できる食料には大きな偏りがあった。農耕文化の伝播こそが食を変えていったと考えられるが，その伝播にはかなりの地域差があった。ダイヤモンド（2012）によれば，大陸によって伝播や拡散の速度に大きな差があり，東西に長いユーラシア大陸では速く，南北に長いアフリカ大陸やアメリカ大陸では遅かったとされる。

第 2 の変革は自給から市場指向への転換である。17 世紀以降の西ヨーロッパでは産業革命と並行して農業革命が進行した。工業化による都市人口の増大に伴い農産物の市場が拡大し，また農業技術の改善により生産性が向上したため，市場出荷を目的とした商業的農業が広く営まれるようになった。伝統的な三圃式農業に代わって，牧草や飼料用カブを輪作体系に取り入れ地力の回復を図る商業的混合農業が広く普及した。さらに，大消費地に近いところでは，生鮮食品を市場に供給する酪農や園芸農業が発達した。このような市場を指向した農業への変化は先進工業国に一般的にみられ，消費市場からの距離によって農業地域の分化が進んだ。日本でも明治以降徐々に商品化が進み，都市市場向けの農産物を供給する近郊農業地域が東京，大阪などの大都市の近傍に形成されていった。一方，グローバルスケールでの食料の生産と供給

表 6-1　3 つの農業革命

農業革命の時期区分	1. 発端と拡大	2. 自給から市場へ	3. 産業化
重要な時代	1 万年前から 20 世紀まで	ほぼ西暦 1650 年から現在まで	1928 年から現在まで
重要な地域	ヨーロッパと東南アジア	西ヨーロッパと北アメリカ	ソ連と東ヨーロッパ，北アメリカとヨーロッパ
主要な目標	家内食料供給と生存	余剰生産と金銭収入	単位当たり生産費用の縮減

（Troughton（1986），Bowler（1992），高橋（2015）により著者作成）

も展開する。オーストラリアやアメリカといった新大陸で大規模な牧畜や穀物農業が発展し，国際的に取引されるようになった。また東南アジア，ラテンアメリカ，アフリカなどの植民地では欧米資本により輸出作物を大規模に栽培するプランテーション農業が発達した。第二次世界大戦後の独立に伴い，これらの多くは国有化や小農民経営に変わったが，多国籍企業による契約農業により欧米資本の支配が継続している場合が少なくない。

第3の変革は産業化（Industrialization）であり，現代の農業に強く関わっている。20世紀に入って北アメリカを起源地として，西ヨーロッパ，旧ソ連，東ヨーロッパ，さらには他の先進諸国に広がった。集団的（社会主義的）および企業的（資本主義的）イデオロギーと農業技術の普及が，農業生産を食料産業システム全体に統合するように作用した。単位当たり生産費用を低減する生産性の追求や利潤獲得が農業生産の基本目標となり，規模の経済や資本集約化を指向させた。このような農業生産は工業生産と同様に企業的に，合理的に経営される点に特徴がある。規模が大きく専門化が進んだ今日の商業的穀物農業や企業的牧畜は，そのような特徴をもつ代表的な存在である。人や家畜の労働力を節約する機械化，化学肥料や農薬などを大量使用する化学化，収量を増加させる品種改良を通じて，生産性の向上が強く追求されている。

産業化された農業は，集約化，集中化，専門化という3つの特徴を有する。機械などの投入財が増えるとともに，単位面積当たりの産出も増加するのが集約化である。集中化は，少数の大規模経営に，そしてより少数の地域と国に生産が限定されることを言う。さらに，経営，地域，国といったどの単位を取っても，生産をより少数の農産物に専門化する傾向がある。

このような産業化された農業の担い手の代表は，個々の農家や農場よりも，アグリビジネスであり，後述するフードシステムの各部門，またはその全体に関わる企業体が活動している。産業化の動きは現在も進行中で，発展途上国における「緑の革命」もこの方向に沿ったものである。アメリカ合衆国は産業化が最も進んだ国であり，大規模な企業的農業とフードシステム全体とのインテグレーションが見られる。日本では第二次世界大戦後，産業化の特徴である機械化，化学化が急速に進んだが，経営主体は小規模な家族経営農家が中心で，それらを束ねた農業協同組合が実質的にアグリビジネスとしての役割を果たしている。

産業化された農業は，2つの側面から見ることが重要となる。1つはフードシステムおよびフードチェーン，2つ目は農業の企業化およびアグリビジネスである。

3. フードシステムとフードチェーン

産業化の進んだ現代農業は，フードシステムと強い関わりをもって営まれている。フードシステムとは，生産から消費に至る一連の連鎖を軸とする体系である（荒木，2002）。具体的には，図6-3に示すように，種子・農薬・肥料・農業機械・飼料などの農業生産財の投入から，農場での農産物の生産，そして洗浄・選別，包装，冷凍食品，菓子などの農産物加工，さらに食料を消費者の手に届けるための卸小売流通，外食，食料消費までの一貫したシステムである。

さらに，このシステムの外側で相互に影響しあう環境として，Bowler（1992）のように自然環境，信用・金融市場，国家の農業政策，国際食料貿易を配置することも可能であろう。荒木

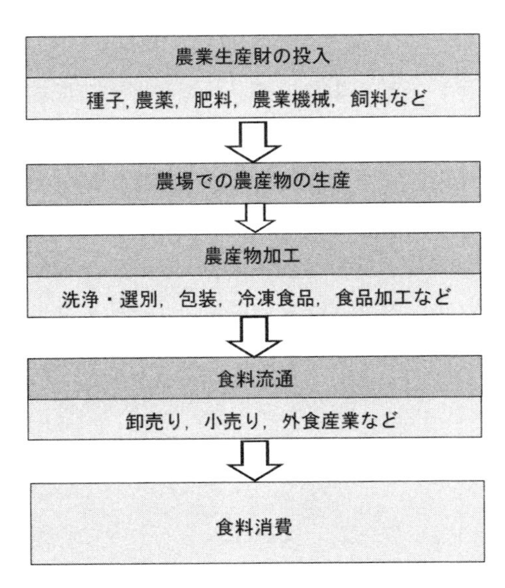

図 6-3　フードシステム（著者作成）

(2013) もこれに従うが，荒木 (2018) では，自然環境，政治・経済的環境に加えて，独自に社会・文化的環境（伝統・流行など）を追加している。

このようなフードシステム的な考え方が導入されたのは，今日の農業のあり方が，生産の現場だけでなく，より広範な産業部門に影響されているからである。農家から見れば，このようなシステムの中で，よい種子や肥料をどのように手に入れるか，農産物をどのように消費者の手に届けるかなど，農業生産の現場にはない多くの事柄に目配りしながら農業経営を行っている。研究する側から見れば，今や農業の実態は，生産の現場（農家や産地）だけでなく，川上（種苗業者，農業機械など）や川下（卸売市場，加工業者，中食業者，小売量販店，外食産業）の影響まで見ないと理解できない。現代の農業地域の変動は，フードシステムの観点を取り入れることでより的確に捉えられる。

フードシステムと同様の考え方でフードチェーンもよく使用される。荒木(2013)，荒木(2018)では，農業生産財部門を除外して，フードチェーンを具体的な食べ物の生産から消費までの鎖とし，これを動かしているいろいろな仕組みをフードシステムと考える。これに対し，Bowler (1992) に倣って，フードチェーンとそれに関わる仕組み（環境）を合せた全体をフードシステムと考えることもできよう。

地理学におけるフードシステム／フードチェーン把握の独自性は，各部門の所在する地域を連結する仕組みに焦点を当てるところにあり，フードシステム／フードチェーンの地理的投影と呼ばれている（荒木，2018）。これによって，部門間関係は地域間関係としても理解できることになる。

例えば，荒木 (2002) では，産地形成の要因を，域内の生産部門だけではなく，フードシステム論を踏まえて他の部門や域外との多様な関係に求めている。北海道の野菜産地の事例では，市場対応に焦点を当て，集出荷戦略と産地内調整の仕組みを究明している。また，和歌山県の梅産地の事例では，農業生産と加工の関係に焦点を当て，産地の加工部門の牽引力が産地の成長を主導したことを明らかにしている。さらに，最も川下の小売部門では，地方スーパーの青果物調達戦略から，地方都市と大都市の間には青果物の流通・消費構造に大きな違いがあることを見出している。

フードシステムの地理的投影が把握されている点では，神戸ビーフの事例も興味深い（河本・馬，2019)。日本では牛肉のローカル性が失われ，「地域」ブランドは虚構であるとされるが（高柳，2007）ローカルに根ざした厳格な基準に基づく神戸ビーフを対象に，公開されている情報を用いて，牛の生産・流通の流れを把握している。図 6-4 の 3 枚の図には，繁殖，肥育，と畜に至る牛の移動が明瞭に示されている。さらに指定登録店の分布からは，それが広く世界に及

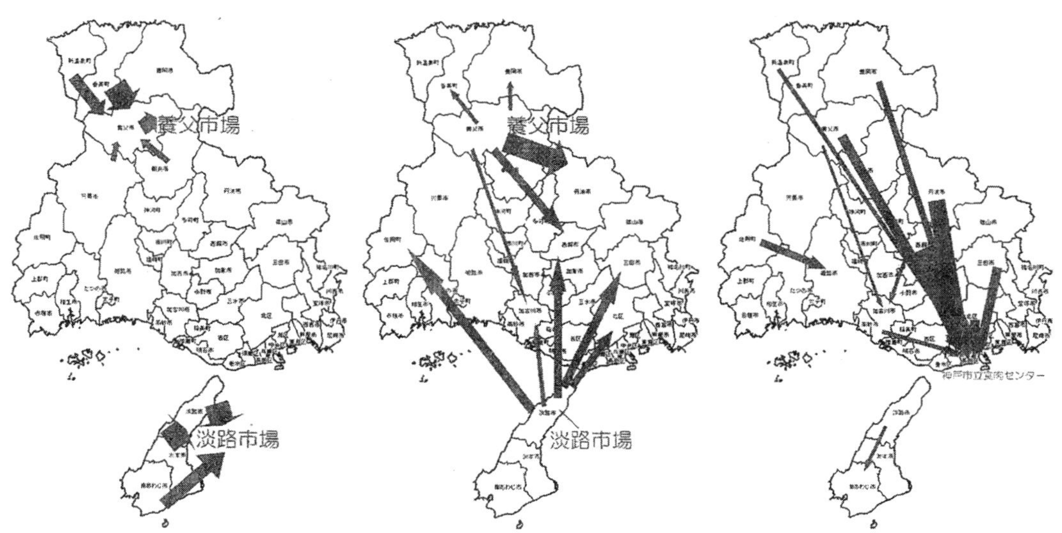

「出生（繁殖農家）から「搬入・取引」（子牛せり市）への流れ

「搬入・取引」（子牛せり市）から「転入」（肥育農家）への流れ

「転入」（肥育農家）から「搬入・と畜」（食肉センター）への流れ

図 6-4　牛の「出生」（繁殖農家）から食肉センターに至る流れ

（河本大地・馬鵬飛（2019）「神戸ビーフのフードシステムと指定登録店の特徴（中間報告）－兵庫県産の但馬牛が神戸ビーフとなり私たちの口に入るまでの地理的概況－」兵庫地理 64）
注：最も細い矢印が 1 頭分を示す.

んでいることがわかる。

なお，近年フードサプライチェーンやフードバリューチェーンといった用語もよく使われているが，それらはフードチェーンの単なる言い換えではない。サプライチェーン（供給連鎖）マネジメントやバリューチェーン（価値連鎖）分析という，食料以外にも適用される方法に力点を置いていることに注意が必要である。

4. アグリビジネスと現代農業

産業化された農業を捉えるには，アグリビジネスにも目を向ける必要がある。アグリビジネスは本来マクロ経済的なもので，フードシステムの各部門を構成する産業部門（農業関連産業）を包括的に指す概念である（高柳，2018）。当然これには農業も含まれる。しかしながら，他方で多国籍アグリビジネスの如く，個別の企業を指して用いる場合も多い。このように二重性をもっているのが特徴であるが，産業部門であれ，企業であれ，フードシステムを機能させる部門や主体を指すところに重要性がある。

アグリビジネスの重要な論点として，企業組織の巨大化に伴う支配構造の強化がある（高柳，2018）。特にアメリカでは，寡占化が進行し，表 6-2 の様に肉牛，豚，ブロイラーなどの畜産部門や，飼料，製粉，精米などの穀物加工において，上位の少数企業への高い集中度が認められる。豚，ブロイラーなどの畜産部門で，アグリビジネスがフードシステムの全体を統合して一貫した経営を行うこと（垂直統合，インテグレーション）は日本でもよく見られる。ブロイラー

表 6-2　アメリカにおける農産物上位 4 社への集中度の変化（%）

	1982 年	1997 年	2012 年
肉牛（去勢雄牛・未経産牛）	41	78	85
豚	36	54	64
ブロイラー			51
飼料	20	23	30
小麦製粉	40	48	39
精米	—	52	47
トウモロコシ（ウェットミル）	74	72	86
大豆・油糧作物加工	61	80	79

（高柳（2018）の表 7.2 を一部削除して作成）

養鶏業を例にすると，配合飼料やヒナの生産から，養鶏場での飼養，ブロイラー（食肉用の鶏）の処理・加工，鶏肉の流通まで，すべてを 1 つのアグリビジネスが統括する活動も見られる。

世界の主要農産物の国際取引でも寡占化がみられる。上位 3 － 6 社が 80% 以上を占有する農産物は，小麦，トウモロコシ，コーヒー豆，カカオ豆，茶葉，綿花に及ぶ。穀物メジャーと呼ばれる巨大穀物商社は，穀物取引のみならずフィードロットや養豚，ハイブリッド（一代雑種）種子，家畜飼料，肥料，製粉，金融など多岐にわたる農業関連産業に進出している（ホガート・ブラー，1998）。また，多国籍企業として市場情報の収集や市場の開拓を積極的に進め，世界の穀物市場への支配力を強めている。穀物メジャーで有名なカーギル社は，2019 年現在で 70 カ国に進出し，世界にほぼ満遍なく生産・流通拠点を配置している。

今日の農業にとって極めて重大なのが，商品価値連鎖の出発点である種子市場における寡占化の進行である（久野，2014）。2011 年のデータでは，上位 4 社（モンサント 26.0%，デュポン 18.2% ほか）の市場シェアは 58%，上位 10 社では 75% に達する。日本の企業では唯一サカタのタネが 9 位に入っているが，そのシェアは 1.6% と小さい。また，この上位 10 社のうち 6 社は巨大農薬企業でもあり，それらの世界農薬市場におけるシェアは 75% に達している。

日本のアグリビジネスの海外進出についてはどうであろうか。日本の場合，総合商社が農業関連でも相当の実績をもつと考えられるが，アグリビジネス以外の部門と区別するのが難しい。業種の限定が可能な食品企業を検討した後藤（2013）によれば，1985 年のプラザ合意による顕著な円高を契機として海外直接投資が飛躍的に伸びたこと，また海外直接投資件数の空間的パターンは図 6-5 のように，開発輸入に関わる農畜水産物加工品や冷凍調理食品は相手先の農業条件に強く規定されるので中国，アメリカ，オーストラリアなど地域的偏在性が強いが，それ以外の業種では対照的に各地方に満遍なく分布する傾向にあることが明らかにされている。

国内でも，アグリビジネスが農業地域・農家経営に影響を与えている。アグリビジネスがとる行動は，1 つは上述した開発輸入などによる海外からの調達であり，もう 1 つはそれに伴う国内調達の再編である。後藤（2013）は，この 2 つの回路をふまえ，アグリビジネスが関わる 3 つの部門，加工トマト，ブロイラー，い草について実証的検討を行い，その成果を表 6-3 にまとめている。海外調達と国内産地の関係の強弱は部門によってやや差があるが，いずれの部門でも取引価格の変化をはじめ大きな影響を受けていた。特に，カゴメ（株）という一企業が

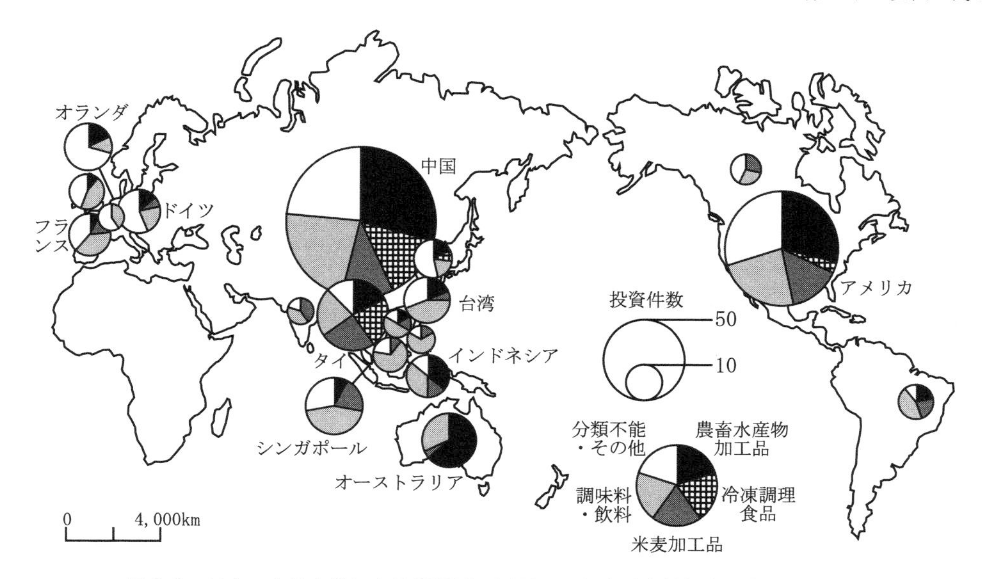

図 6-5　日本の食品企業による業種別・国別にみた海外直接投資件数（2006 年）
（後藤拓也（2013）『アグリビジネスの地理学』古今書院）

注 1）投資件数の上位 10 カ国については国名を記した.
注 2）投資件数が 5 件未満の国については省略した.
資料：東洋経済新報社編『海外進出企業総覧（会社別編）』2007 年版により作成.

表 6-3　日本のアグリビジネスによる海外進出パターンと農業地域構造の再編メカニズム

	加工トマト部門（大企業集中型）	ブロイラー部門（大企業・中小企業併存型）	い草部門（中小企業分散型）
❶海外進出先の空間的分布	分散的	分散的・集中的	集中的
❷海外進出先を変化させる主な要因	市揚確保，原料調達，製品調達，リスク分散	原料調達，製品調達，リスク分散	市場確保，原料調達，製品調達
❸海外調達拠点の選択基準 1)	品質：◎，コスト：◎ 経営：△，技術力：△	品質：◎，コスト：◎ 経営：△，技術力：◎	品質：◎，コスト：◎ 経営：×，技術力：◎
❹海外調達と国内調達の関係	関係が強い	関係が弱い	関係が強い
①国内産地との関係変化	取引価格の変化，生産拠点の統廃合，集荷圏の集約化	取引価格の変化，生産拠点の統廃合，集荷圏の集約化	取引価格の変化，農家との相対取引化
②産地衰退の地域的パターン	北東北，愛知県（非トマトジュース産地）	南九州（解体品産地）	熊本県（普及品産地）
③農家層の対応．分化 2)	高齢（兼業）層：◎ 若年（専業）層：×	高齢（小規模）層：△ 若年（大規模）層：△	高齢（小規模）層：× 若年（大規模）層：◎
④差別化品種の導入状況（差別化の主体）	「トマトジュース用品種」の導入（企業）	「銘柄鶏」の導入（企業）	「ひのみどり」の導入（農家）

（後藤拓也（2013）『アグリビジネスの地理学』古今書院）
❶～❹＝グローバルスケールの論点，①～④＝ナショナルスケール／ローカルスケールの論点
注 1）海外調達拠点の選択基準
　◎＝評価基準として最優先される項目，△＝評価基準ではあるが優先度は高くない項目，×＝評価基準としてあまり考慮されない項目
　2）農家層の対応分化
　◎＝経営を維持する傾向が強い，△＝経営を維持および放棄が同程度，×＝経営を放棄する傾向が強い
資料：筆者の実施した聞き取り調査により作成.

グローバルと国内を統合的に運営する加工トマトでは，生産拠点の統廃合などその影響が明瞭であった。その一方で，共通して，どの部門でも差別化品種を導入して付加価値を高める方策をとっていたことも注目に価する。

「ブラックボックス化した現代の食と農」の実態を捉えるには，最終商品をいくら眺めてもその背景は見えてこず，生産と消費の間に介在してグローバルに事業展開する多国籍アグリビジネスの姿が明らかにされなければならない（久野，2014）。現代の食生活や農業地域の背後にあるアグリビジネスの行動に注目する必要がある。

［引用文献］

荒木一視（2002）『フードシステムの地理学的研究』大明堂.

荒木一視（2006）「2004 年山口県阿東町で発生した鳥インフルエンザと鶏肉・鶏卵供給体系－フードシステムにおける食料の安全性とイメージ」経済地理学年報 52-3.

荒木一視編著（2013）『食料の地理学の小さな教科書』ナカニシヤ出版.

荒木一視（2018）「フードシステム」（経済地理学会編『キーワードで読む経済地理学』原書房）.

荒木一視・岩間信之・楮原京子・熊谷美香・田中耕市・中村　努・松多信尚（2017）『救援物資輸送の地理学－被災地へのルートを確保せよ』ナカニシヤ出版.

鴻巣　正（2004）「「食」の外部化の進展と食品企業の成長－「川下」の変化と国産農産物の課題－」調査と情報（農林中金総合研究所）206.

河本大地・馬鵬飛（2019）「神戸ビーフのフードシステムと指定登録店の特徴（中間報告）－兵庫県産の但馬牛が神戸ビーフとなり私たちの口に入るまでの地理的概況－」兵庫地理 64.

後藤拓也（2013）『アグリビジネスの地理学』古今書院.

ダイヤモンド, ジャレド／倉骨　彰訳（2012）『銃・病原菌・鉄（上）－ 1 万 3000 年にわたる人類史の謎』草思社.

高橋　誠（2015）「変動する農村の社会」（竹中克行編著『人文地理学への招待』ミネルヴァ書房）.

高柳長直（2007）「食品のローカル性と産地振興－虚構としての牛肉の地域ブランド』経済地理学年報 53-1.

高柳長直（2018）「グローバル化とアグリビジネス」（矢ケ崎典隆・山下清海・加賀美雅弘編著『グローバリゼーション　縮小する世界』朝倉書店.

久野秀二（2014）「多国籍アグリビジネス－農業・食料・種子の支配」（桝潟俊子・谷口吉光・立川雅司編著『食と農の社会学－生命と地域の視点から』ミネルヴァ書房）.

ホガート , K., ブラー , H. 著／岡橋秀典・澤　宗則監訳（1998）『農村開発の論理－グローバリゼーションとロカリティ』古今書院.

Bowler, I. R. ed. (1992) : *The Geography of Agriculture in Developed Market Economics.* Longman.

Troughton, M. J. (1986) : Farming systems in the modern world (Pacione, M. ed.: *Progress in Agricultural Geography*. Croom Helm).

第7章　農業の変貌と農業地域の変動－戦後1980年代まで

1．日本農業の特徴

日本の農業は，農家が自己所有する農地を，家族労働によって耕作する小農（peasant）経営が多い。しかも，農家1戸当たりの農地面積は1.9haに過ぎず国際的にみても小規模である。日本の農業は，狭い耕地に肥料や農薬，労働力などを多量に投入し高い収量をあげる集約的な性格を特徴としてきた。しかしながら，戦後の高度経済成長により，農業と他産業との所得格差が拡大し，農家人口の他産業就業者が増加したため，農業就業者の高齢化が著しく進み，その結果，集約的な農業を維持できなくなっている。それゆえ，経営難もあって，中山間地域などの条件不利地域を中心に耕作放棄が増えている。他方，1戸当りの経営耕地面積は徐々に拡大し，規模拡大の動きもみられる。近年は，高齢化する農家に代わって，集落などの営農集団や企業による農業経営のように新たな農業の担い手も増加しつつあり，経営面でも大きく変わりつつある。

2．戦後農業地域形成の原点

1）戦後改革の意義

本書第5章の冒頭において，第二次世界大戦後も高度経済成長期の前までは，日本の農村は，自然生態系への依拠，食糧・消費財・生産投入財の自給という点で自然経済の側面を残し，土地や労働力の商品化は多くの場合未だ弱かったことを指摘した。田林・井口（2005）も，20世紀後半の日本農業の変化について，1960年代以前を「伝統的農業期」としている（図7-1）。その農業は，水稲作を中心とする家族労働に基盤をおいた自給的かつ小規模な経営であり，手作業を基本とした労働集約的・土地集約的なものであった。複合経営が一般的であったが，その中心は水稲作であり，それに畑作や林地利用が組み合わされていた。

戦後間もなくの頃の農業を，このように理解して大きな間違いはないであろう。しかし，そこに戦前からの大きな不連続があったことが見逃されてはならない。一連の戦後改革は当時としては画期的で，それらが農業に与えた影響はきわめて大きいものがあった。さらに，今日それらがグローバル化の波の中で転機に来ていることも認識しておく必要がある。ここでは5点に注目し，それらに関連する年表を表7-1aに掲げた。

第1にあげるべきは農地改革である。1946年施行の自作農創設特別措置法により取り組ま

	年代	1950	1960	1970	1980	1990	2000年
	時代区分	伝統的農業期	兼業浸透期	農業再編期			
	専・兼業農家	専業・第1種兼業	第2種兼業	農家の減少（脱農化）			
水稲	作付面積	高位停滞	減少（7～9年ごとに一時的増加）				
水稲	収穫量	安定増加	不安定停滞	減少			
水稲	10a当り収量	安定増加	不安定増加	不安定停滞	安定停滞		
	農業粗生産額	低位停滞	増加	高位停滞	減少		
	労働時間	長時間	微減	急減	短時間		
	農業機械	耕耘機の普及	田植機・自脱型コンバインの普及	農業機械の減少			
労働力	農業従事者・就業者	多い	減少				
労働力	年齢	若年・壮年人口多い	若年人口の減少	高齢人口多い			
農家所得	農家総所得	低位停滞	急増	高位停滞			
農家所得	農業所得	減少	停滞	急減	低位停滞	微減	
農家所得	農外所得	増加	停滞	急増	高位停滞		
農家所得	年金・被贈等	停滞	増加				

図 7-1　日本農業の変化過程と時代区分
（田林　明・井口　梓（2005）「日本農業の変化と農業の担い手の可能性」人文地理学研究 29）
資料：農業センサス，作物統計，農業生産所得統計

表 7-1 戦後改革と基本法農政に関する年表

a. 第二次世界大戦直後の改革	
1946 年	自作農創設特別措置法施行
1947 年	農業協同組合法施行
1948 年	農業改良助長法施行
1949 年	土地改良法施行
1952 年	農地法施行

b. 農業基本法のもとでの農政	
1960 年	所得倍増計画を決定（池田内閣）
1961 年	農業基本法施行
1962 年	第 1 次農業構造改善事業の発足
1970 年	米の生産調整（減反政策）開始

（著者作成）

れたこの改革によって地主制が解体され，すべての農民が自己所有の農地を自分で耕す「自作農体制」が確立された。そして 1952 年の農地法は，この農地改革の成果を維持するために公布された。それは農村社会の平等化と民主化をもたらしたが，同時に多数の零細農家を生み出し，日本の農業経営の規模拡大を妨げることになった。農家の多くは，高度経済成長により農外就業の機会が拡大するにつれ，所得の向上を求めて兼業化の道をたどった。他方で，農業部門への企業の進出は長く抑制されることになった。

第 2 に重要なのは，零細自作農が協同する組織として農業協同組合が発足したことである。わが国の農協（JA）は，農産物の販売だけでなく，農業資材の購買，金融（信用），保険（共済）といった事業も兼営する総合農協であり，専門農協の多い諸外国と比べても独自のタイプとして発展してきた。農村では農協の役割は大きく，行政と協力して農村問題に対処し地域振興に貢献するケースも少なくなかった。

第 3 には食糧管理制度である。これは戦時中の 1942 年に米や麦などの主食の食料確保のために設けられたが，戦後も食料不足に対処するため存続し，1994 年に廃止された。農家は米を自由販売ができなかったが，その代わりに，米の価格は政策的に保護され相対的に安定して推移した。そのことが，兼業農家の多くを省力化が容易な稲作へ傾斜させることになった。

第 4 には土地改良制度である。土地改良事業は，国・県などの財政資金の投入により，耕地の

区画整理や用排水施設などの農地基盤整備を行うとともに，埋め立てや干拓などによる農地開発も進めた。農業の生産性向上に寄与したが，地方での公共事業として雇用創出の役割も担った。

第5には農業改良普及制度をあげておきたい。農業を改良し農家生活の改善を進めるため，農民に対して技術・知識を普及指導するために設けられた。産地の形成などに，農協とともに農業改良普及員が貢献するようになった。

こうした一連の戦後改革は，自作農体制を軸に日本の農業，農村の発展を図ろうとするもので，戦後日本農業の展開の基本的枠組みを構成した。

2）農業地域構造の原型

最初に戦後の農業の初期条件となった，戦前における農業の地域性をみておきたい。第3章で土地開発の観点から農村の地域性について説明したように，戦前農村は東日本と西日本の違いとともに，古くから開発された地域を核とした同心円的なパターンがみられた。耕地利用の面では，歴史的に土地開発が早くから進んだ中心地帯が最も集約的であり，外縁地帯，北海道へと順次粗放になる傾向があった。注意すべき点は，中心地帯と外縁地帯の地域的範囲は，概ね西南日本と東北日本に合致するが，中心地帯には西関東から東山も含まれ，他方，外縁地帯には東関東や，西日本に属する南九州も含まれていたことである。

このような区分は，山田（1934）の地帯構成論の影響を受けていたと思われる。山田の議論では，日本農業における基本的な地帯として，大地主が卓越し，水稲生産性が低い東北型（茨城，栃木，新潟より以北の一帯，高知，鹿児島もその性格を持つ），中小地主が中心で水稲生産性が高い近畿型（瀬戸内海沿岸より近畿，東海を経て関東南部にわたる一帯の型），植民地型大農場を特徴とする北海道型の3つに整理した。これらの地帯は，単に地域差を示したものではなく，生産力における近畿の先進と東北の後進という段階差を内包したものであった。

戦前の大都市地域の農業についても，地域構造を明らかにした成果がある（青鹿，1935）。1920年代の東京圏を対象として，東京の中心（日本橋）から集約度の異なる農業地域と農業組織が同心円状に遷移するチューネン圏を抽出した。最も都心に近いところでは，温室栽培，養畜（搾乳），観賞植物などの集約的農業が営まれ，その外側に稲作・畑作（蔬菜（そさい））地域，さらに外側に穀作と養蚕の地域が現れた。明らかに，都市近郊農業が成立しており，しかも空間的分化を遂げていたことが窺われる。

以上のような農業地域の状況は，戦後も1950年代までは継続していた。大きくは東北日本と西南日本の対照性とともに，鮮度を要する農産物（野菜，生乳，鶏卵など）の都市部への供給地域として，都市近郊農業が未だ健在であった。

3．基本法農政下の農業の変化と農業地域

1）農業政策と農業の変化

1960年代になると，日本農業は自給的な複合経営から，都市部での需要拡大に対応した専作的な商業的農業に移行するようになる。そうした中で，小麦，大豆などの畑作物が海外農産

物の輸入により農村から姿を消していった。

1960年の所得倍増計画により経済成長を加速する政策が始動し，翌年の1961年には農業部門でも，農業近代化による生産性の向上と所得増大を目指した農業基本法が施行された（表7-1b）。農産物の選択的拡大や構造改善による農業生産性向上により，他の産業部門並みの所得をあげうる自立経営農家を育成することが目標とされた。「基本法農政」の特徴は，①野菜，果樹，畜産などの成長部門の選択的拡大，②農業所得だけで家計を維持できる自立経営農家の育成，③機械化，協業化，団地化を進めるための農業構造改善事業の実施にあった。その後，農業構造改善事業を代表として，国のメニューにしたがった中央集権的な農業補助金制度が定着していった。

「基本法農政」は，全国に成長作目の主産地を生み出していった。このような産地形成のプロセスやメカニズムについては，本節3）および第9章で詳述する。産地形成に対応するように，大都市では，卸売市場法（1971年）に基づいて中央卸売市場が整備され，大規模産地と大都市市場を結ぶ農産物の流通体系が構築された。このようにして，増大する都市人口の旺盛な需要に対し，良質な国内農産物を大量かつ円滑に供給する仕組み（フードチェーン）が出来上がった。

農産物の輸入が徐々に増大しながらも，農業生産は国内需要の拡大に支えられて発展的傾向を示した。しかしながら，その後，農業を取り囲む環境は大きく変わっていく。農村・農家の労働力と土地は農業だけに向かったのではなく，日本経済の成長に伴い農外の諸市場へ分断的に取り込まれていった。農地やイエからの自由度を高めた農家労働力は労働市場に吸引され，若年層を中心とした都市部への就職転出や，中高年層の在宅による兼業化が広がっていった。また土地市場の影響も大きく，都市化，工業化による土地需要の増大によって，農地転用が都市周辺部を中心に急増した。日本経済の高度成長は労働市場，土地市場を通じて農村を急激に変容させ，その過程で，過疎問題に代表されるような様々な農村問題を生み出した。

そうした中で，1970年に政府は米の生産調整（減反）政策に踏み切り，米の過剰対策に主眼を置いた「総合農政」へ転換した。米は日本の基幹作物であり，それまで増産を指向してきただけに，戦後農業の一大転換であった。それまで稲作は，食料管理制度に守られて作付面積を年々伸ばし，1969年には戦後のピークである317万haに達した（図7-2a）。その上，単位面積当たり収量も顕著に向上したため，水稲収穫量は大きく伸びた。その結果，政府の米買い入れ数量は1968年にはそれまでの最大の1,000万tを超えたが，食生活の変化にともない米の消費が減少したため，大量の古米在庫を抱えるようになった。その結果，財政負担も増えて米の過剰生産問題が一気に表面化した。こうして，基本法の自立経営農家育成は，総兼業化と米の　生産調整の下で挫折していった。

先に見た図7-1では1970年に画期を置き，その後20年間を「兼業浸透期」としている。兼業化により農外所得が増加した一方，農業従事者の急減をみたが，そうした中で，機械化や化学化の進展により農業の省力化が実現したのである。1970年の米の生産調整（減反）政策は，そうした方向を推進するように作用したであろう。

1980年代に入ると「地域農政」の時代に入る。米の生産調整政策が強化される中で，稲以

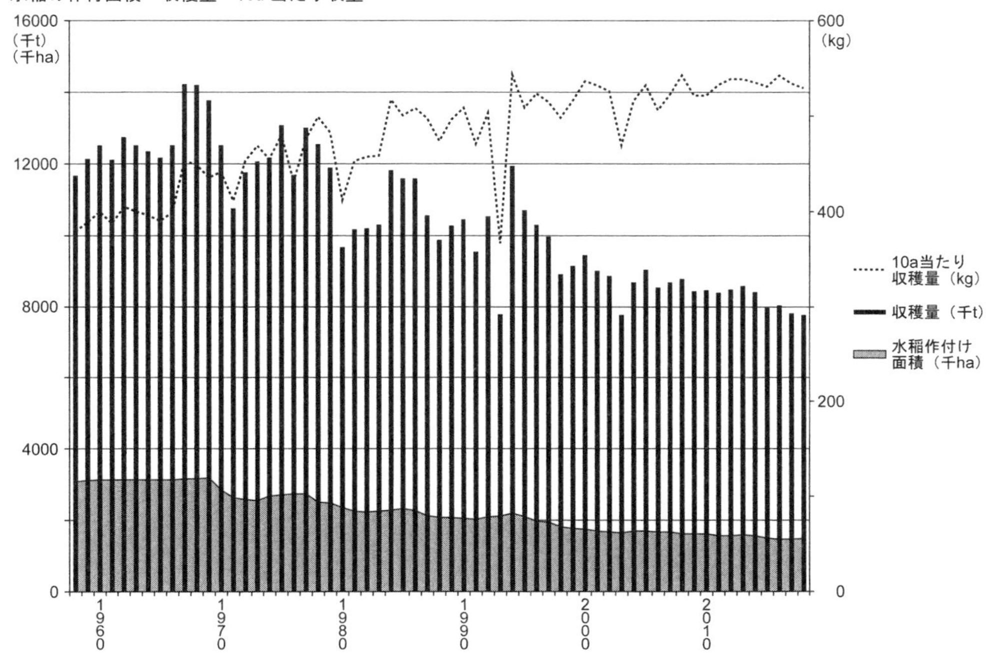

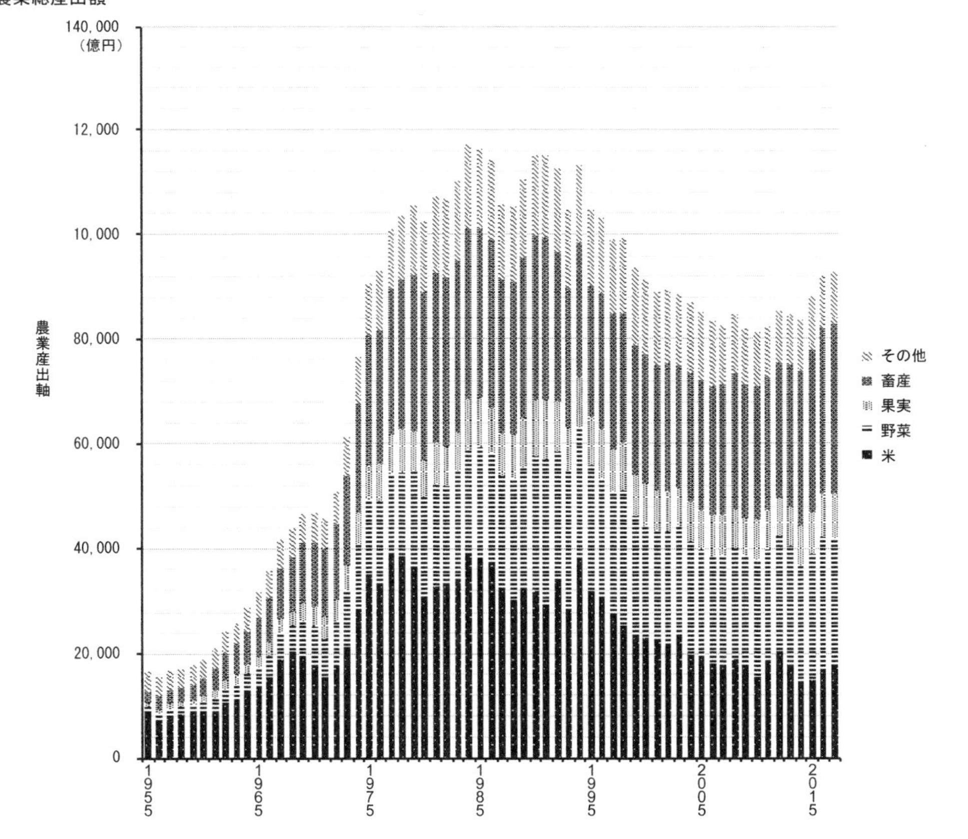

図 7-2　日本における水稲栽培と農業産出額構成の推移
（作物統計及び生産農業所得統計により著者作成）

外の作物への転作を促進し農業構造改革を進めるには，市町村や集落といった末端地域の調整機能に従来以上に期待せざるをえなくなった。また，稲作の構造改革には，借地ベースの農地流動化による中核農家への農地集積路線と，地域営農集団による規模拡大路線の，大きく2つの方向がみられたが，どちらを主とするかは地域によって異なっていた。

以上述べた日本農業の変化を統計をふまえて再度確認しておきたい。1960年には総農家600万戸強のうち専業農家が208万戸，第1種兼業農家が208万戸で，あわせると全体の70%弱となり，農業への依存度が高い農家が圧倒的に多かった。しかし，1960年代後半から1970年代にかけて兼業が浸透し，1980年には第2種兼業農家が65%となり，農業依存度の低い農家が大勢を占めるようになった。また，この間農業所得の割合が減少を続け，1980年には20%前後まで落ちた。しかし，その後この比率は大きく落ちることもなく維持されている。農業粗生産額（農業産出額）は1980年代まで一貫して伸びていき，高いレベルを継続した後，1990年代後半から輸入の増加や景気低迷により明瞭な減少傾向が認められたが，最近やや回復の動きがみられる（図7-2b）。この間とくに大きく額を伸ばしたのは，野菜，果実，畜産などで，農業基本法による選択的拡大政策の成果と言えよう。他方，水稲作付面積では，1970年の米の生産調整政策以降，一貫した減少が認められるが，他方10aあたり収量は伸び続けている。このように1990年代以降の変化が重要であるが，それは次章で検討する。

2）農業地域構造の変化

日本の農業が大きく変わり始める1960年代の農業地域構造は，基本的には西南日本－東北日本という地域性を保持していた。石井（1969）はこの区分に基づき，農業地域変動の動きを表7-2のようにまとめた。「戦後発展の基盤」では，東北日本で農地改革の効果が大きく，農家の経営規模も大きいこと，また「農業生産力の発展水準」でも，土地生産性を除いてやはり

表7-2　戦後日本の農業地域変動－1960年代の西南日本と東北日本

地域区分	基本的対照	
主要指標群	西南日本	東北日本
1. 戦前までの原型		
a. 戦前米作生産力水準	高	低
b. 地主制下の農村分解度	先進	後進
2. 戦後発展の基盤		
c. 農地改革の効果	小	大
d. 水田稲作の比重	小	大
e. 農家の経営規模	小	大
3. 農業生産力の発展水準		
f. 単位労働力当り	低	高
g. 単位土地面積当り	高	低
h. 1戸当たり	低	高
4. 工業化・都市化に伴う農村分解度		
i. 産業構造の変化の時期と程度	先行・高	後行・低
j. 兼業化の時期と程度	先行・高	後行・低
k. 農家減少の動向	大きく減少	増加ないしわずかに減少

（石井（1969）の第25表を一部改変して作成）

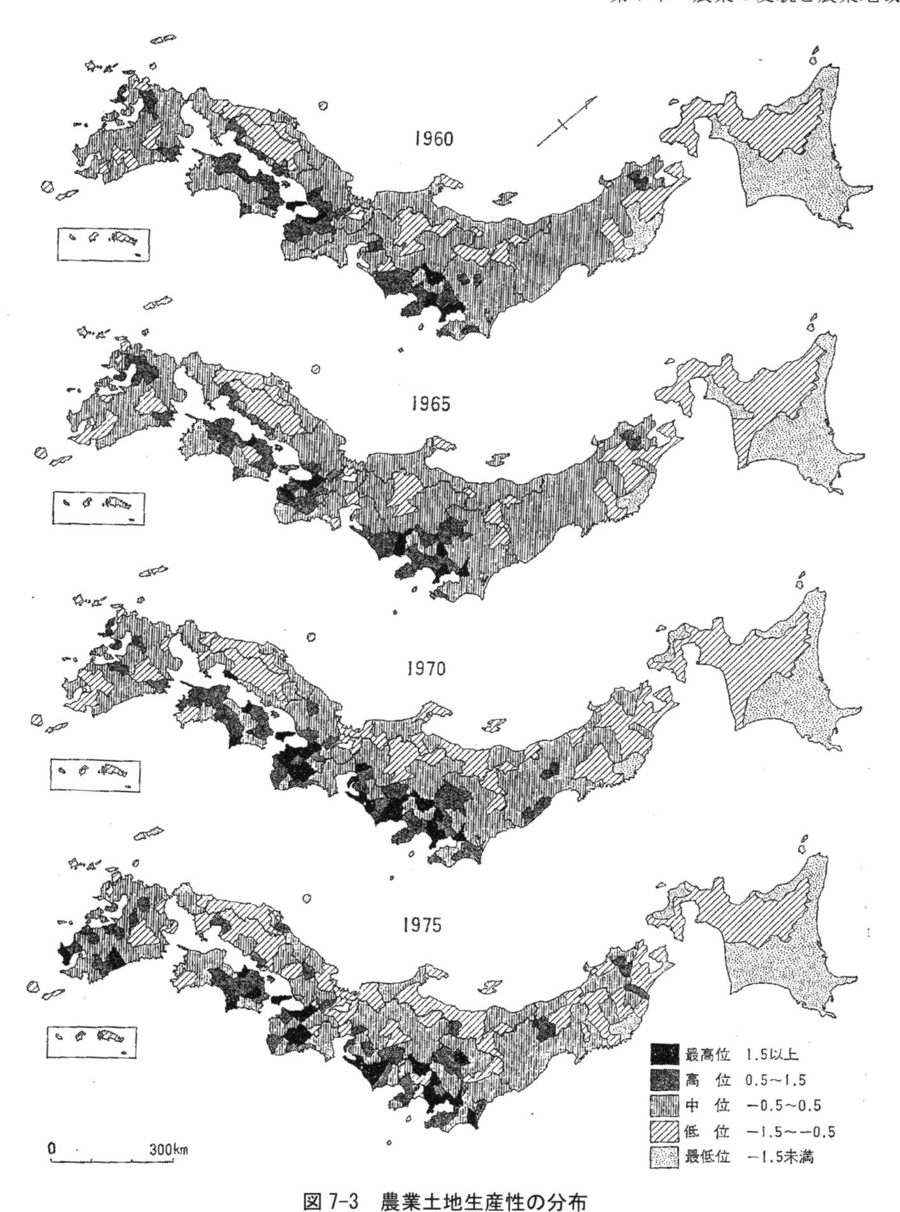

図7-3　農業土地生産性の分布

（市南文一（1980）「本邦における農業土地生産性の分布パターンとその変化，1960～1975年」地理学評論53-12）

東北日本の優位性が示されており，その後，東北日本が日本の食料生産の中心になっていくことが暗示されている。1960年代にはまだ全国総合開発が始まったばかりであったが，表7-2には農業地域分化についても，産業構造変動のインパクトが最も主導的な役割を担うとして，工業化・都市化に伴う農村分解度に注目し，産業構造変化，兼業化，農家減少において西南日本が先行するとみていた。

1960年代以降の農業地域構造の変化は，農業土地生産性（経営農用地10a当たりの農業粗生産額）を示した市南（1980）の図7-3から窺える。1960年代には，太平洋側の関東以西の大都市近傍と瀬戸内海沿岸で高く，大都市を中心としたチューネン圏的なパターンが認められ

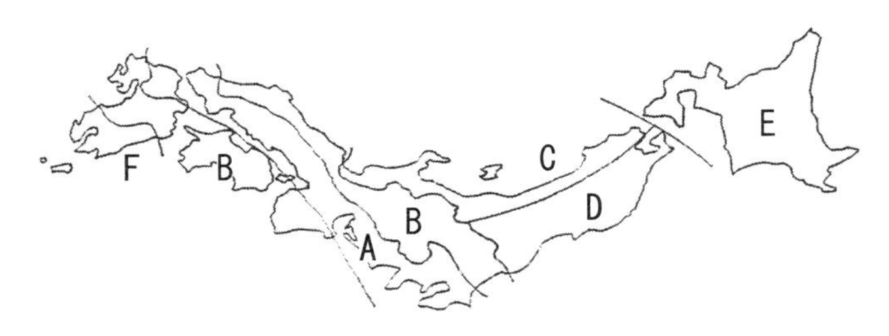

図 7-4　農家経営から見た地域区分

（中藤康俊（1978）「農家経営の地域構造」（長岡　顕・中藤康俊・山口不二雄編著『日本農業の地域構造』大明堂））

た。1975 年になると最高位・高位地域が九州中南部，四国東部，関東内陸，東海へと拡大し，遠隔地域での輸送園芸の発達が確認できる。さらに，この時期には大阪府，和歌山県など近畿地方の高さが注目に価する。

高度経済成長期を経て，農家は労働市場や土地市場の影響を強く受けるようになり，農業の地域構造も農家経営と関連づけて捉えることが必要となった（岡橋，1992）。その一例として，中藤（1978）の農家経営から見た地域区分をあげておきたい（図 7-4）。まず，太平洋ベルト地帯は「A．都市化により農業の衰退が著しい地域」であり，その外側に「B．大都市向けの商業的農業の展開する地域」が南北両側に広がる。ここには関東や九州の園芸地域をはじめ多くの産地が形成された。西日本でこの 2 類型に属さないのは南九州の「F．畑作地帯」だけである。東日本では，東北地方が日本海側の「C．米の単作地帯」と太平洋側の「D．複合的な商業的農業の展開する地域」に二分されるのが大きな特徴である。さらに，北陸も東北の日本海側と同じ C の類型に属する。北海道は，「E．専業農家中心の経営規模の大きい畑作地帯」として独自の類型となる。以上のように，労働市場と土地市場の影響を踏まえて，大都市圏を核とした構成を基本としながら，そこに西日本と東日本，日本海側と太平洋側の地域性が考慮されている。

このように，日本農業・農村の地域性も先進後進の関係で捉えるのでなく，第 5 章で論じたように，現代資本主義の中心周辺構造の中で再生産されていると見ることが必要である（岡橋，1992）。

3）産地形成の進展

このような地域構造の変化は，高度経済成長に伴う農産物需要拡大の中で，野菜・果樹・畜産などの成長作目の産地が新たに形成されたことが大きい。川久保（2018）は以下のようにまとめている。この時期には，図 7-5 のように，市場で優位性をもつ主産地が，輸送園芸地域，近郊・中郊，開拓地等で新たに出現した。そこで注目されたのは，生産品目の専門化と流通組織のあり方であり，中でも農協共販の意義が高く評価された。高度経済成長期に形成された青果物産地については，坂本（1978）と松井（1976）の体系的な研究成果がある。前者は，輸送園芸の産地では生産者の局地的集中と共同出荷による「地域的集中の利益」が発揮され，古くからの産地では「全階層稠密型産地」が形成されていることを明らかにし，後者は温室園芸地域が，農民技術の開発・定着，市場対応を通じた産地銘柄の獲得，政府の農業政策の受け入れによる

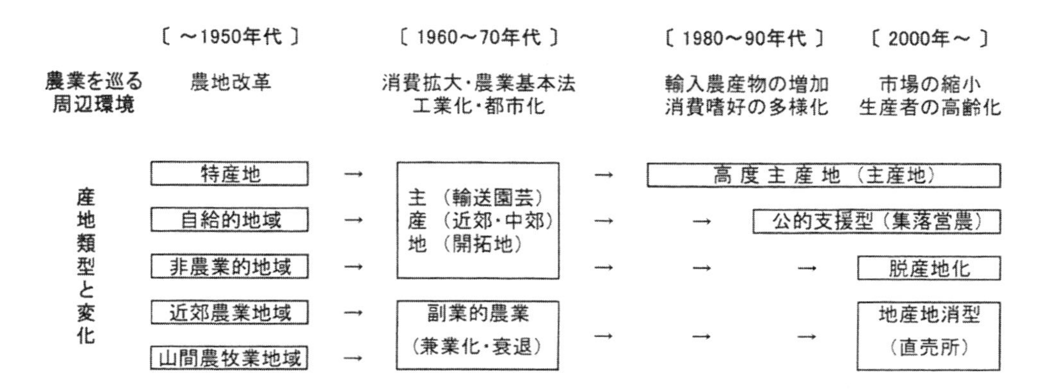

図 7-5　戦後日本における農産物産地の形成と変遷モデル
（川久保　篤（2018）「産地形成」（経済地理学会編『キーワードで読む経済地理学』原書房））

産地拡大の 3 つの段階を経て，大規模集積地域に発展することを究明した。1970 年代後半以降，主産地は国内外の産地間競争の激化を通じて，「高度主産地」に発展する（図 7-5）。そこでは，品種転換や出荷時期の変更，もしくは特殊な栽培方法による高品質化など，商品差別化の取り組みが推進された（川久保，2018）。

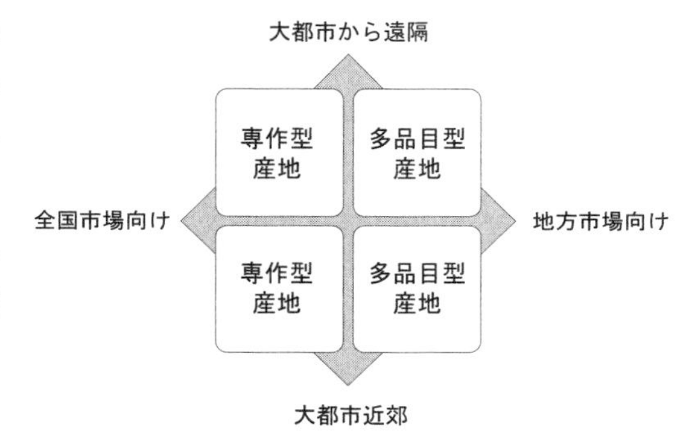

図 7-6　産地の分類（著者作成）

以上のように，日本の農産物の産地形成は地域的集中の形態を取ることが多く，農村地域の経済発展にとっても大きな意義を持つ。それゆえ，このような農村との関係を念頭に置いて，産地を分類してみることが有用である。分類基準であるが，大都市市場への距離が輸送費の点から重要であり，立地が 1 つの要素となる。他方，立地の如何にかかわらず，出荷する市場が全国市場か地方市場かという問題がある。さらに，産地の作目が専作か多品目かという点も重要であろう。

これらによって分類すると図 7-6 のようになる。ここには理論上 4 つのタイプが示されている。1 つは，全国市場出荷の専作型遠隔産地である。輸送園芸の産地の多くはこれに該当する。その場合も，主要野菜の大量生産で市場占有度の高い産地と，メロンのような高付加価値の作物で輸送費負担力の高い産地に分かれるであろう。他方，遠隔産地でも地方市場に出荷する多品目型もある。この場合は輸送費負担が少ないが，地域ブランドや直売方式などにより高価格で販売できる工夫が必要となる。次章で扱う大分県大山町はこのタイプである。また，この図には出ていないが，専作型産地でも全国市場ではなく地方市場をターゲットとするものもあるだろう。地方都市の近郊にはこのようなニッチを狙ったタイプが成立しやすい。次章で紹介する福山市のブドウ産地はこのタイプであろう。大都市の近郊にも全国市場向けの専作型産地がある。特に関東地方には茨城県をはじめとして大規模な産地が数多く存在することに注意したい。

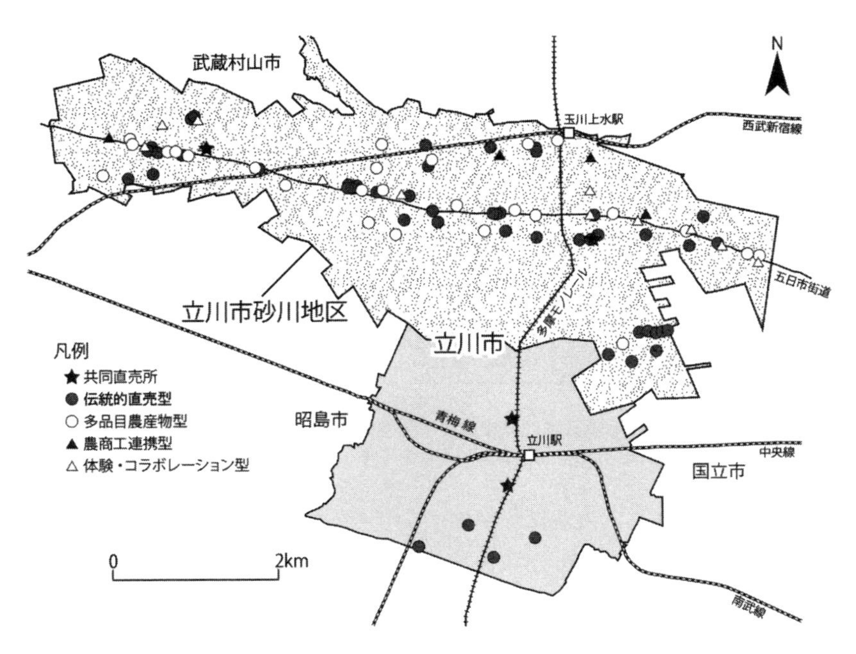

図 7-7　東京都立川市における農産物直売所の諸類型とそれらの分布（2013 年 8 月）
（菊地俊夫・田林　明（2016）「東京都多摩地域における農村空間の商品化にともなう都市農業の維持・発展メカニズム－立川市砂川地区を事例にして－」E-journal GEO11-2）

産地形成のプロセスは，産地形成前の初期条件を含めて農村の地域づくり（第 13 章で詳述）と関わるところが多い。産地形成の成功要因について，産地内部と外部に分けて考えてみたい。産地内部では，品種開発，生産設備，栽培技術，品質管理などの生産面，リーダー，農家の社会関係，農協職員，農業改良普及員などの人的側面，共同出荷，技術革新などの集積の利益が想定できる。それら以外に，地域内の他の要素との関連を意識しておくことが必要である。産地外部では，市場の開拓・選択などの市場との関係，市場出荷の輸送問題，市場の評価（ブランド形成など）が考えられる。産地形成のプロセスは，個別産地だけでなく，他産地との関係（産地間競争）や，当該農産物をめぐるフードシステムやフードチェーンといった全体構造の中で考察することが肝要である。

当然ながら，図 7-6 に示したように大都市の近郊で，地方市場を指向する多品目型の産地も存在する。しかし，この場合は共同出荷よりも個別出荷や直売が多くなり，農家ごとの対応の差も大きいので，産地という表現は適切ではないかもしれない。都市農業と言われているものがこのタイプであるといえよう。例えば，東京都の小平市では多様な地産地消の取り組みが行われており，個人直売所の設置や農協直売所への出荷を中心に，学童農園，農業体験農園，観光農園などの体験型や，学校給食や飲食店への農産物の供給，農産物加工や飲食店の開設にまで及んでいる（飯塚ほか，2019）。また，東京都立川市の農産物直売所は，図 7-7 のように伝統的直売型直売所，多品目農産物型直売所，農商工連携型直売所，体験・コラボレーション型直売所，共同直売所に分化し多様な発展を遂げている（菊池・田林，2016）。ここから，都市農業は農産物の供給にとどまらず，体験や交流など，地域の生活文化と関わっていることが特

第9章　日本の農業と農村の変貌－地域編

これまでの章では，日本の農業と農村の変貌について，テーマ別に，理論的な側面やマクロスケールの実証面から議論してきた。その際，それぞれのテーマに関わる範囲で適宜ミクロな地域事例を取り上げたが，ローカルスケールでの農業・農村の変貌を全体として理解するのには十分ではなかった。そこで，これまでの議論を実際の地域で確かめる作業を行いたい。本章では，タイプの異なる2つの事例地域の農村（都市化・工業化の影響を強く受けた広島県福山市，中山間地域で独自の地域振興を行った大分県日田市大山町）を取り上げる。農業地域の変化，産地形成，地域振興を軸にこの2つの地域を比較してみたい。なお，各地域の執筆に当たって主に依拠した拙稿は，末尾の引用文献一覧にまとめて記した。

1．広島県福山市－都市化・工業化の中の農業・農村の変貌

1）福山市の特徴

広島県東部に位置し，瀬戸内海に面する福山市は，今日，50万人近い人口を擁する中四国有数の地方中核都市に成長している。第二次世界大戦後，福山市は急速に人口を伸ばし，また合併により市域面積を拡大した。特に，高度経済成長期には人口が急増する。1960年の人口は約16万人であったが，1975年には約33万人に達した。それは，全国総合開発計画の工業整備特別地域に指定され，鉄鋼業（日本鋼管（株））を中心に大規模な工業化が進んだことによる。さらに，それと連動して人口流入が進み，住宅地の開発も行われた。こうして，福山市は全国有数の工業都市となり，福山市の農業と農村は，このような都市化，工業化の影響を強く受けてきた。

福山市の農業は，主に，芦田川の河口に発達した福山平野と，市域の北半および芦田川より西部に広がる山間地域で営まれている。平野部では水田の割合が高いのに対し，山間地域では畑や樹園地が多くなる。農家の多くは零細で自給的な経営が中心である。表9-1のように，1戸当たりの経営耕地規模は30aに満たず，販売農家率も30%弱で，ともに広島県の半分に留まる。他方，農業労働力は高齢化が進んでおり，本業農家率はわずか2.9%，販売農家で60歳未満の基幹的農業従事者を有する農家は15%弱に過ぎない。農業で生計を立てることのできる販売額上層農家率は1.2%と，全国の14.3%と比べて大きく見劣りする。

表 9-1　福山市農業の特徴（2005 年）

	販売農家率 (%)	本業農家率 (%)	販売額上層農家率 (%)	販売農家における 60 歳未満の基幹的農業従事者率（%）	1 戸当たり経営耕地面積(a)	1 戸当たり生産農業所得(万円)
福山市(新)	28.0	2.9	1.2	14.6	28.0	37.3
広島県	56.8	6.3	2.1	14.7	56.6	48.7
全　国	68.9	22.1	14.3	30.1	126.9	114.6

（農業センサス，生産農業所得統計により著者作成）

2）戦後農業の展開過程－産地形成から都市農業へ

大きく 4 つの時期に分けることができる。

①商品生産農業の展開（1950 － 1965 年）

この時期には，食糧増産が重要な課題であったが，他方，麦などの輸入増大により農作物の転換が迫られた。そのため，新たな商品作物の導入がさかんに試みられた。野菜を中心とした近郊農業が展開するとともに，郊外地域ではブドウやミカンなどの果樹産地が開発に着手された。1961 年に農業基本法が施行され，農業の生産性を向上させ，農業所得を増大させようという動きが強まり，野菜，果樹，畜産などの商業的部門が発展的な傾向をみせた。図 9-1 のように，1960 年頃には専業農家と第 1 種兼業農家が農家の半数以上を占め，農家に農業生産への高い意欲が認められたことが，このような動きを可能とした。

②工業化・都市化による農地転用の激化（1965 － 1990 年）

画期をなしたのは，1965 年の日本鋼管福山製鉄所の進出であった。大規模な工業開発は労働市場を拡大するとともに，都市発展を加速させていった。住宅地や事業用地の需要が高まり，土地市場が逼迫し農地転用の勢いはすさまじいものがあった。住宅地は郊外に展開し，農村部も都市化の影響を直接受けるようになった。図 9-1 のように，農業所得に依存していた第 1 種兼業農家が急減し，担い手不足により後退を余儀なくされた産地も多かった。他方，野菜団地が造成され新たな産地が形成されるなど，急増する農産物需要に応えうる新たな農業の展開がみられた。

③高齢化と後継者不足（1990 － 2000 年）

1990 年代に入ると，野菜の輸入が増えて野菜の価格が下がって収益性が低下し，また国内でも遠距離輸送が便利になって産地間競争が激化した。また，高度成長期から続く農外就業の増加により，農業の後継者問題が深刻化した。特に，戦後に形成された大部分の産地がこの後継者問題に直面するようになった。こうした厳しい状況の中でも，クワイのように日本一の産地となる作物も現れた。

④都市農業としての存続（2000 年－）

図 9-1 のように，2000 年以降も継続して農家数が減少し，2000 年から農業センサスで販売農家と自給的農家に区分されたため，一気に農家の過半が自給的農家に分類されることになった。さらに，センサスの対象とならない，土地持ち非農家（農地が 5a 以上 10a 未満）が 7 千戸あるので，市内の農地は極めて零細分散的な形で所有されていると言える。このような都市近郊地域では，耕作放棄など農地の管理問題がいよいよ深刻化することが予想される。高齢化

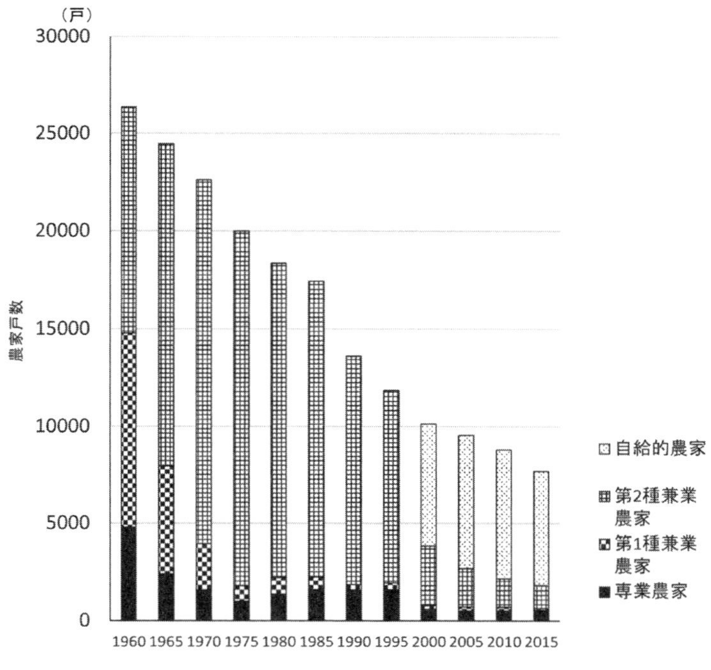

図 9-1　福山市における専業・兼業別農家数の推移
（農業センサスにより著者作成）

と後継者不足が深刻化する中で，限られた産地で農業の持続的発展の努力が行われている。新鮮で良質な地場農産物の消費を呼びかけ，地場農産物のブランド化により地場産地を維持しようとする運動が活発化している。また，農産物直売所は福山市でも今や，農産物流通において無視できない存在になっている。高齢者，女性などの地域住民の活躍の場，生き甲斐の場，交流の場としての役割ももっている。グローバル化時代の福山市の農業は都市農業として存続すると考えられる。

3）商業的農業の展開にともなう産地の形成

福山市には多様な農産物の産地がみられる。生産量日本一のクワイをはじめ，キュウリ，トマト，ホウレンソウなどの野菜が市街地に隣接した地域で栽培され，また郊外にも，ブドウ，カキ，モモなどの果樹産地がある。このような産地の多くは，戦後形成されたもので，農業協同組合（JA）の指導の下で商品作物の導入が行われた。

1960 年頃までは，稲の裏作として麦を中心に多様な作物を栽培する二毛作が広く行われていた。農家の多くは，米＋麦＋野菜＋工芸作物といった多部門からなる複合経営を営み，工芸作物ではイグサが知られていた。

1960 年代になると，麦類が輸入麦のため一気に壊滅し，いも類やまめ類も急減していった。イグサも 1970 年代の中頃には壊滅状態に陥った。それは兼業化が農業労働力を減少させ，特に労働集約的な作物に悪影響を与えたためである。野菜類のみは，1970 年代，80 年代も生産が維持された。

図 9-2　福山市における品目別農業産出額（農業粗生産額）の推移（生産農業所得統計により著者作成）
注：2005 年に 10 億円以上の品目のみ表示した.

福山市では瀬戸内式気候の下，少雨と日照の多さという条件を活かし，多様な果樹が栽培されてきた。果樹の栽培面積は，1960 年に 341ha あったが，当時は，その半分弱がブドウで，20% がモモであった。その後，果樹の新植がさかんに行われ，1970 年には栽培面積の合計が 625ha と 2 倍近くに急伸したが, 拡大の中心となったのは温州ミカンであった。しかし, その後, 過剰生産と価格暴落により温州ミカンは 2015 年には 33ha（販売農家）にまで減少した。

福山市では，果樹生産で産地として存続できたのはブドウ栽培であった。2015 年現在で，141 経営体が 59ha で栽培している。本格的にブドウ栽培が行われるようになったのは戦後になってからで，この中心を担ったのは，福山市ぶどう生産販売組合と，沼隈町果樹園芸組合であった。前者は農家の兼業化などで，栽培面積が減少したが，後者は年間約 1,000t の出荷量と約 6.5 億円の販売高を誇る広島県内でも屈指のブドウ産地となっている。

図 9-2 で，主な品目について農業粗生産額（農業産出額）の変化を確認しておく。金額的に最も大きいのは, 長く米であった。しかし, 若干の変動はあるものの長期低落傾向が顕著である。これに対して, 野菜は, 1995 年のピークからは減っているが, 1975 年からのトレンドでみると, おおむね維持されているといえよう。その結果，近年では野菜と米が肩を並べている。これらに対し, 生産額を増大させているのが肉用牛と鶏である。この 2 つの部門の生産額は大きいが, 共に少数の企業的大規模経営によって担われているのが特徴である。これらに次ぐのが果実である。横ばい状態であるが，ブドウに代表されるように競争力のある少数の産地によって支えられている。このように，現在の福山市の農業は，生産額では米と野菜が中心となっているが，畜産や果実も重要な部門であるといえる。

4）沼隈町におけるブドウ産地の発展と存立基盤（図9-3）

沼隈町は広島県内でも屈指のブドウ産地となっている。その発展過程とその要因を見ておきたい。

①「産地萌芽期」（1948 － 1954年）

沼隈町のブドウ栽培の始まりは1948年頃にさかのぼる。それまでの基幹作物であったイグサや葉タバコに代わる新たな商品作物としてブドウが導入された。1954年には果樹園芸組合（翌年から沼隈町果樹園芸組合）が組織された。

②「産地確立期」（1955 － 1962年）

ブドウの植栽拡大の動きを受けて，圃場拡大を図るため，1957年，八日谷(ようかだに)有国(ありくに)共有林において新農村建設事業によりブルドーザーを用いた機械開墾が実施された。発足間もない沼隈町（当時）の威信をかけた事業であり，その実施には初代町長神原秀夫氏のリーダーシップが大きな役割を果たした。1958年からマスカット・ベリーAの植栽を始め，1959年には約30haの植栽が完了した。栽培地区は拡大し，栽培面積，生産者ともに増えていった。

③「産地発展期」（1963 － 1988年）

この時期には出荷金額の急速な伸びがみられ，1985年の出荷金額は4億5,000万円に達した。このような躍進を可能としたのは，生産設備や技術革新によるところが大きい。前者の生産設備は灌水設備の整備が中心である。ブドウ栽培は，干ばつや長雨などの天候不順の影響を受け不作になることが多い。そこで，その対策として，第1次農業構造改善事業によって，スプリンクラーによる樹上灌水装置が設置され，より安定した生産ができるようになった。さらに，このスプリンクラーを利用した共同防除も行われるようになった。

後者の技術革新は，ブドウの種なし化である。ジベレリン処理によるマスカット・ベリーAの種なし栽培の実用化に1972年全国に先駆けて成功した。このブドウは「ニューベリーA」と名付けられ，市場に出荷された。この種なし栽培は，その後の改良により安定して栽培できるようになったため，急速に栽培農家に普及した。1974年からは，ブドウ生産者全員が25haの生産に取り組み，1982年以降は，マスカット・ベリーAの栽培面積のうち99%で「ニューベリーA」が生産されるようになった。この種なしブドウは市場で好評を博し，産地の飛躍的発展につながった。また，1972年には，大粒品種のピオーネが導入されたが，1978年にはこれも種なし栽培が実用化された。こうして，種なしブドウ産地として，市場の高い評価を得るようになり，「沼隈ぶどう」のブランド確立に成功した。

④「産地基盤再構築期」（1989 － 2000年）

沼隈ブドウの中核である有国樹園地は山地を開発して造成されたため，急傾斜地が多いのが問題であった。体力的な負担が大きいうえに，施設栽培の導入も難しく，栽培者の高齢化が進む中では，ブドウ栽培の持続的発展が危惧された。と同時に，ブドウ栽培を始めて以降改植が行われておらず，ブドウの樹齢も生産耐用年限に達していた。

そこで，1989年から，県営畑地帯総合土地改良事業により再開発事業が実施され，11年後の2000年に完了した。有国樹園地とその周辺の山林・畑地の区画整理が61.1ha，畑地灌漑が60.5haなどの工事が行われ，見違えるような広大で平坦な農地が出現した。しかし，この事業

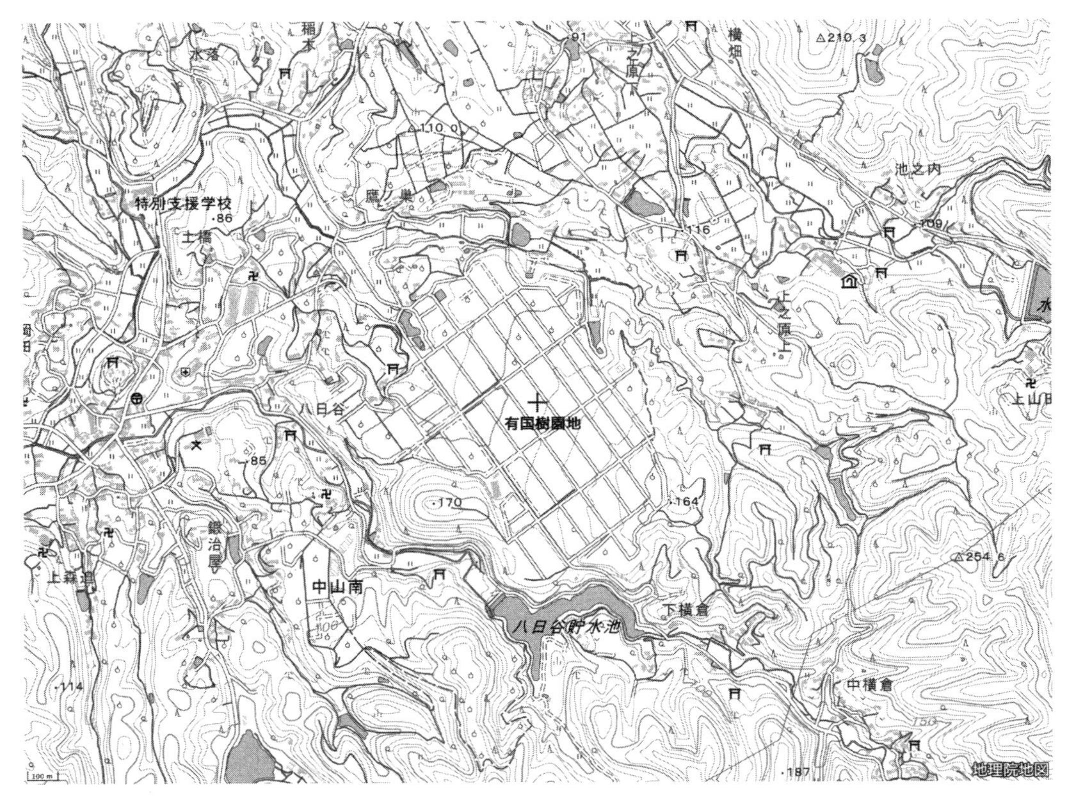

図 9–3　福山市沼隈町のぶどう園地とその周辺（国土地理院「地理院地図」により作成）

の実施には相当の困難がつきまとった。特に，既存園の再開発であるため，工事期間中は収入が大幅に減少する。これに対処するため，隣接の矢ノ迫地区で 6.5ha の園地造成が行われ，農家に供された。さらに，国の農業構造改善事業により，果樹棚，連棟ハウス，スピードスプレヤーなどの近代化施設が整備された。こうして，国や県の多くの補助事業を駆使して，産地の生産基盤の再構築が実現した。

⑤「産地再発展期」（2000 年－現在）

上述の農地の基盤整備と同時に，ブドウ樹の更新，作業労働の軽減，共同防除体制の確立，灌水設備の整備，若い後継者の登場などの成果が得られた。有国樹園地は，2009 年現在，65 戸で 40ha の栽培を行っており，1 戸平均の栽培面積は 70a となる。まさに，産地の再構築に成功したといえよう。

このようなブドウ栽培の発展には，沼隈町果樹園芸組合の存在を忘れることができない。この組合は，講習会の実施により栽培農家への技術指導を行ってきた。それとともに，JA 福山市と連携して，生産から共同選果，共同販売，資材の共同購入までを統合的に行い，特に品質管理に貢献してきた。さらに，2015 年度には，後継者問題の解決のためにブドウ栽培研修用の「沼隈農園」を開設し，研修生を受け入れ，若手の就農にも成果を上げている。

現在，おもな品種は，作付けの多い順に，「ニューベリー A」25ha，「ピオーネ」20ha，「ふじみのり」「安芸クイーン」「瀬戸ジャイアンツ」「ゴルビー」が合わせて 15ha である。これらは露地だけでなくハウスでも栽培されており，収穫時期を分散させて，労働力需要の集中を避けている。出荷は，6月上旬から9月末まで行われ，9月中旬のピーク時には日量1万箱（1箱2kg）を出荷する。おもな出荷市場は，大阪，神戸，福山，三原，広島の5市場であり，そのうち，福山が最も多く出荷金額全体の35%程度，続いて広島が約15%など，県内がおもな市場となっている。また，選果場での直売も15%近くある。

今日の沼隈ブドウ産地を支えているのは，農地などの生産基盤や共同防除体制にみられる省力化と高い生産性，種なしブドウ産地としてのブランド確立と徹底した品質管理による高付加価値の追求，沼隈町果樹園芸組合にみられる社会関係資本による革新力にあるといえよう。忘れてならないのは，1950年代の園地開墾事業を成功させた沼隈町の地域振興の歴史であり，そこにレジリエンス（地域対応力）の源泉があるように思われる。

2．大分県日田市大山町－中山間地域における農業と地域振興

1）大分県日田市大山町の特徴（図9-4）

大山町は大分県の北西部に位置し，福岡，熊本両県との県境に近い山村である。町面積の約80%は林野であるが，その人工林率は79%（2000年）で日田林業地帯の一角をなす。町のほぼ中央を南北に筑後川上流の大山川が貫流し，その大山町南端に松原ダム，さらにその上流の

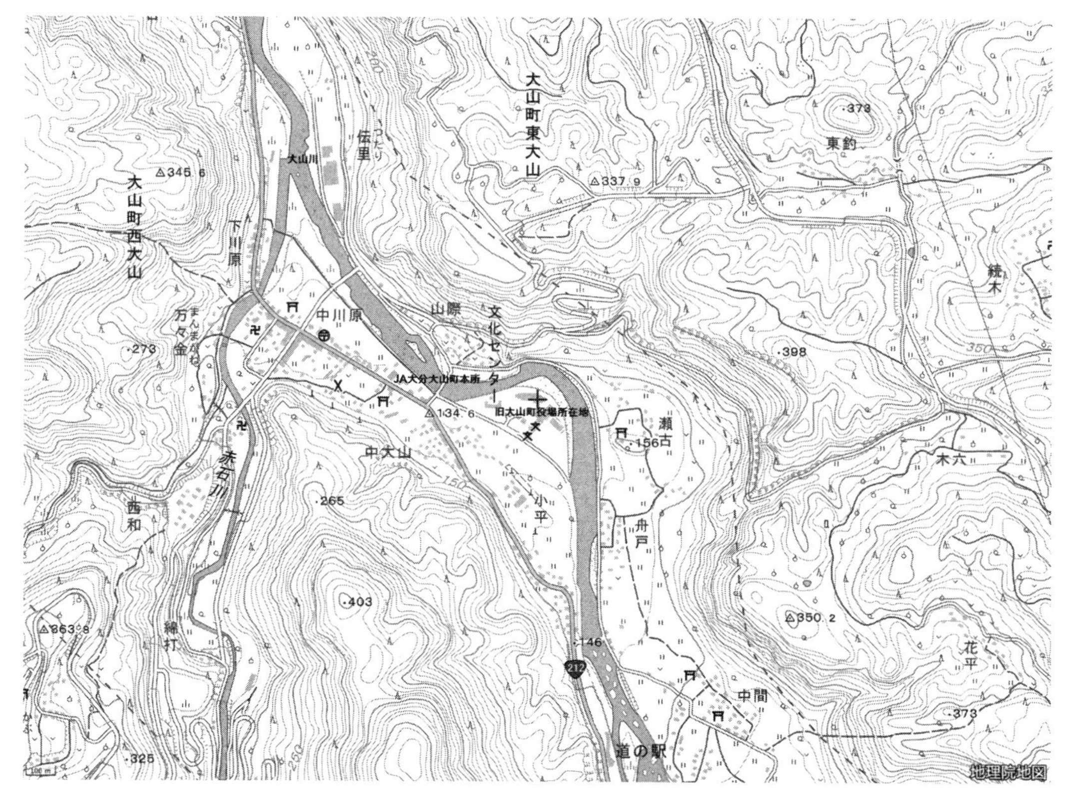

図9-4　日田市大山町の中心部（国土地理院「地理院地図」により作成）

表 9-2　大山町農業の特徴（2005 年）（単位：%）

	販売農家率	本業農家率	販売額上層農家率	販売農家における 60 歳未満の基幹的農業従事者率	1 戸当たり経営耕地面積（a）	1 戸当たり生産農業所得
大山町	60.2	14.9	18.4	36.9	43.3	67,3
大分県	67.0	12.3	6.7	24.2	79.2	76.7
全　国	68.9	22.1	14.3	30.1	126.9	114.6

（農業センサス，生産農業所得統計により著者作成）
注：大山町と大分県の生産農業所得のみ，2004 年.

中津江村地内には下筌（しもうけ）ダムが築造されている。この大山川によって町はやや性格の異なる東西 2 地域に区分される。西部は日田林業地帯の中核である津江山系の延長部で急峻な地形が多く，見事な日田スギの人工林地帯を形づくっている。これに対し，東部は緩傾斜の台地状の地形が卓越し，樹種も広葉樹が西部に比して多い。集落は主に大山川沿いの沖積地と山間の緩傾斜地に立地し，その標高は 150 ～ 600m にわたる。

2005 年に日田市に編入合併するまでは，明治期から一貫して続いた自治体であった。日田市中心部まで車で約 30 分，北部九州の中核都市・福岡市も高速道路を利用して約 1 時間で到達でき，都市とのアクセスは比較的良好である。

大山町の人口の推移を見ておく。戦後，一時的に引き上げや疎開などで人口は増加したが，1955 年には減り始め，以後 1975 年まで人口減少を続けた。この 20 年間の減少率は 28% で人口は 4 分の 3 になったことになる。しかし，その後 10 年間は人口減少が止まり，微増さえした。1985 年以降は再び減少に転じ，合併前の 2000 年には 3,910 人，さらに最近の 2015 年の国勢調査では 2,756 人と減少傾向が続いている。高齢者の比率は 40% に達している。

大山町の農業は，主に，大山川沿いの沖積地と山間の緩傾斜地で営まれている。前者では水田の割合が高いのに対し，山間地域では畑や樹園地が多くなる。表 9-2 のように，1 戸当たりの経営耕地規模は 43a と零細であるが，販売農家率は 60% に達し，大分県や全国とほぼ同水準である。しかも，農業で生計を立てることのできる販売額上層農家率は 18.4% であり，全国の 14.3% を上回っている。さらに，本業農家率は約 15.0%，販売農家で 60 歳未満の基幹的農業従事者を有する農家は約 37.0% であり，共に大分県や全国を大きく上回っている。中山間地という不利な農地条件の下にありながら，このように活力のある農業地域が形成されている。

2）独自の地域振興の展開

大山町は 1960 年前後という戦後の早い時期にむらおこしに着手し，以来形を変えながらもその内発的発展性を保持し，地域経済の振興に取り組んできた。

そのプロセスは，大きく 4 つの時期に分けられる。第 1 期（1961 － 1972 年）ウメクリ運動あるいは NPC 運動期，第 2 期（1973 － 1989 年）多品目生産による産地確立期，第 3 期（1990 － 2005 年）都市交流の強化と経済複合化期，第 4 期（2005 年以降）広域合併にともなう再編期，である。

第 1 期は町長と農協組合長を兼務した矢幡治美氏の卓抜したリーダーシップのもとでむらおこしが開始された。実は，この NPC 運動はダム対策の一面を持っていただけでなく，ダム

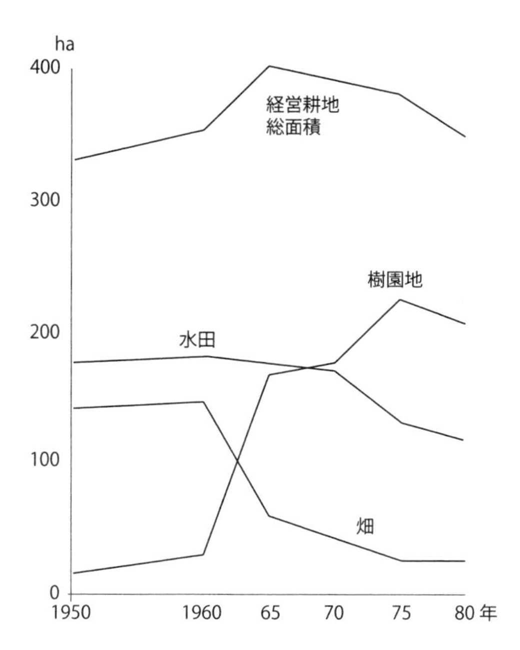

図 9-5　大山町における経営耕地面積の推移
（岡橋秀典（1984）「過疎山村・大分県大山町における農業生産の再編成とその意義：農村・都市間人口移動の制御サブシステムとしての農協・自治体の事例として」人文地理 36-5）

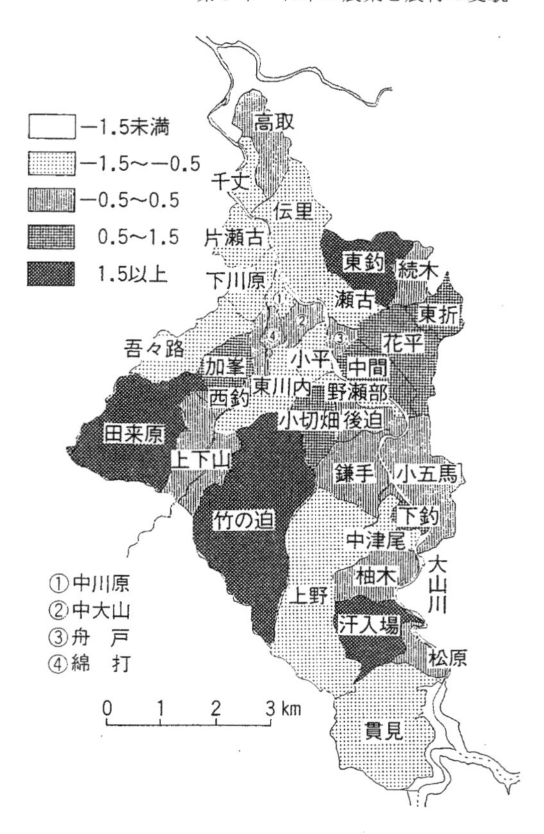

図 9-6　第Ⅰ成分（農業経営の展開状況）の成分得点分布
（岡橋秀典（1984）「過疎山村・大分県大山町における農業生産の再編成とその意義：農村・都市間人口移動の制御サブシステムとしての農協・自治体の事例として」人文地理 36-5）

建設によるプラスの影響も計算に入れていた。つまり，公共補償の一環として道路整備等が進められ，その分町財政の負担が軽減されて，NPC 運動への傾斜配分が可能となったのである。3 年間にわたるこの運動の展開の結果，農地は畑地が大幅に減少，他方ウメ，クリなどの樹園地が過半を占めるに至り，日田の山村ではかなり特異な農業形態となった（図 9-5）。しかし，天候によるウメの作柄の不安定性や病虫害によるクリの収穫の低下などもあったにせよ，基本的にウメとクリだけでは家族労働力の完全燃焼が望めず，所得を十分確保できなかったのが問題であった。それゆえ，第 1 期の末期には町長が交代し，全国的な工場誘致ブームに乗って 3 工場の誘致がなされた。しかし，これは結果的に主婦労働力の農外流出をまねきウメの品質悪化などの悪影響を生じたので，大山町の経済振興は再び農業中心の路線に回帰していった。

第 2 期（1973 − 1989 年）は，ウメとクリに代わってエノキタケが新たな基幹作目となる。これにより所得の大幅な増大が実現され，ようやく農業中心のむらおこしが成功を収めた。エノキタケは施設型の栽培のため農地面積の制約を受けなかったので，耕地規模の大小を問わず広範な農家が参入できた。また，出荷量の多い基幹作物が確立されたことにより，出荷の便がよくなり，少量多品目の農産物の栽培が可能となった。こうして，この時期には大山町農協の農産物販売額は右肩上がりで伸びていった。ただし，農業経営の状況にはかなりの地域差があったことに注意が必要である。図 9-6 の成分得点の高い集落，すなわち農業経営の発展的な集落は大山川両岸の台地部，西部の高度の高い山腹緩斜面に多く見出され，これに対して，大山川およびその支流沿いの沖積地に位置する集落は概して水稲作プラス兼業の傾向が強く，大山町農業があまり浸透しなかった。1979 年には，平松知事による大分県の一村一品運動が開始されたが, 人口減少が鈍化し着実な成果をあげていた大山町はそのモデルとされるようになった。

第 3 期（1990 － 2005 年）の地域振興策には，これまでとかなり異なる動きが出てくる。1990 年代以降，大山町の行政，大山町農協ともに，農業振興以外の，施策の多様化路線に転じていく。まず大山町サイドではそれが顕著であり，森林保全事業により生態系保全への取り組みが始められたほか，人口減少を抑制する定住促進事業や都市との交流の強化，さらに町主導による観光開発などが実施された。特に注目されるのは観光開発に乗り出したことであり，第三セクターの株式会社「おおやま夢工房」設立により 2002 年に「ひびきの郷」をオープンした。大山町では初めての本格的な観光開発であった。1990 年代には全国の農山村で農業関係補助金を利用したこの種の観光関係の施設整備が進んだが，大山町も同様の補助金を軸とした開発であった。

農協サイドでは，農産物直売所とレストラン事業の展開が注目される。1990 年に大山町内に農産物直売所の第 1 号，木の花ガルテンが開店し，その後，福岡市や大分市といった，北部九州の主要都市部へ積極的に直売所を出店していった。第 3 期のうちに 8 店舗に達した。また，2001 年から直売所・木の花ガルテンにレストラン「オーガニック農園」を併設し，農家もてなし料理バイキングと称して地場産品のみによる食事を提供するようになった。これは全国でも先駆的な動きであったが，新たな付加価値を追求する動きが推進されたのは，これまでの農業発展路線にかげりがみられたためでもあった。1990 年代には，それまで維持されていた農家数が急減を始め，また，樹園地も含めた経営耕地が減少を続けた。農協の農産物販売額も 1990 年代初めをピークに減少に転じ，基幹作物エノキタケを除き後退する傾向がみられた。輸入農産物の増加，産地間競争の激化，景気の低迷による低価格といった日本農業をとりまく厳しい状況は大山町農業にも悪影響を与えるようになり，こうした中での打開策として農産物の直売やレストランが新たな部門として注目されるようになったといえよう。

第 4 期（2005 年以降）は，経済面では複合化を進めた第 3 期の延長であるが，2005 年 3 月に他の 4 町村とともに日田市に編入合併したことが重要である。大山町のこれまでのむらおこしは，この地域を単位として，自治体という政治的自律性の裏付けをもって推進されてきた。大山町は「おおやま夢工房」という第三セクターの株式会社を合併前の 1998 年に設立し，地域振興の主体性を保持した。大山町には，これまで観光施設や宿泊施設がなかったが，町が補助率の高い農業構造改善事業やダム建設の見返りに受け取る水源地域向けの補助金などを利用して建設した（伊東，2009)。合併後は日田市が大山町を引継いで大株主となった。経営状況は必ずしも順風ではなく，事業の拡大が一段落した 2006 年度以降は売上高，入り込み客数が減少していた。そういうこともあって，2016 年，JR 九州が日田市の全所有株式を取得して「おおやま夢工房」を子会社化し，施設の一新を図った。事業主体が域外に移った中で今後の展開が注目される。

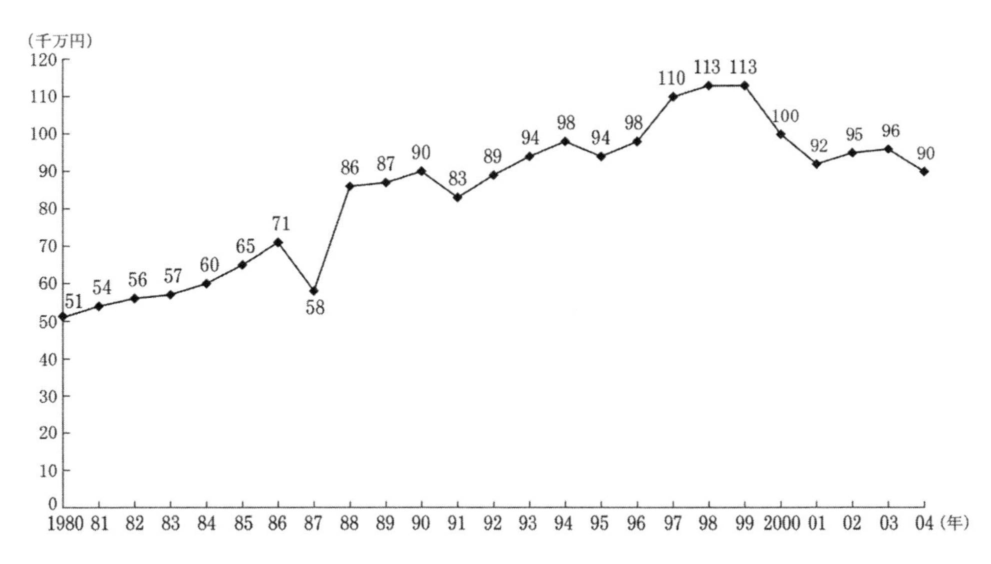

図 9-7　大山町の農業産出額の推移

（伊東維年（2009）「大分大山町農協の地産地消活動－農協による広域型地産地消活動の事例考察」産業経営研究 28）

資料：『大分農林水産統計年報』大分農林統計協会

他方，農協は全国的な広域合併の中で大分大山町農協として単独路線を堅持している。農協は農産物直売所の開設を積極的に進めた結果，2016 年までに 16 店舗に達した。しかも，これら店舗への出荷者は 3,213 名を数え，大山町内だけでなく，旧中津江村，旧日田市内にも広がる（伊東，2009）。出荷と集荷両面で大山町外へ展開することは規模の効果をもたらすが，逆に道の駅や直売所等の類似施設との競争も激化してくる。さらに気がかりなのは，大山町内の農業にやや後退する傾向がみられることである。農家数の減少や農業就業者の高齢化，そして 2000 年頃からは図 9-7 のように農業産出額の減少傾向がみられる。

今後の大山町の経済振興で重要なことは，同じ町内の木の花ガルテンや「奥日田温泉　うめひびき」などの事業が一体となって範囲の経済を発揮し相乗的な効果をもたらすことだろう。その一方で，大山町のむらおこしが新たな自治体である日田市においてどのように位置付けられるのかも重要な意味をもつ。

3）外部からのインパクトによる影響

このように独自の内発的地域振興を行ってきたとされる大山町の変貌の中にも，全国の農山村と共通する外来性を見出すことができる。

第 1 にはダム開発である。NPC 運動の開始の 1 つの契機となったのは，筑後川上流の松原・下筌ダムの開発である。大山町は松原ダム（1958 年着工，1972 年竣工）を条件付きで受け入れ，もう一方の下筌ダムではダム建設史上最大の反対運動が行われた。この事実は大山町の村づくりへの結束を強めたであろうし，公共補償も有効に使われた。この上流域山村という特性は，再度ダム開発（大山ダム）（1983 着工－ 2012 年竣工）をもたらした。このように大山町の地域振興の裏面には常にダム建設と公共補償があったことは重要である。

第2には，高度成長期の後半の農村工業化である。これについては第5章で詳述したが，大山町でもこの大きな流れに抗することはできなかった。1973年には3工場（従業員数計130名）の誘致が実現したが，これらの工場はいずれも労働集約的な工程を下請する中小企業であり，採用された従業員の大半は中年の主婦であった。所得面では一定の効果があったが，農作物の手入れが行き届かず，農産物の品質悪化を招いた。これが農業振興を軸としてきた大山町にとっては第2期を必然化させることとなった。

第3には，上位の自治体への編入合併である。平成の大合併によるこのような事例は枚挙にいとまがないが，山村のように新市の周縁部に位置する場合，合併により政治的自律性が失われ，独自の施策を取りにくくなると考えられる。大山町のような独自性の強い地域振興を行ってきた場合は余計その点が懸念される。現在は，大分大山町農協がこれまでの大山町の地域づくりを受継ぎ，主体性を発揮しているが，全国的には農協の合併は市町村以上に進んでいる。伊東（2009）は，単独農協を貫く大山町農協に対して，日田市，大分県，国からの補助がなされなくなることを危惧している。

以上のように，大山町では農協と町行政が主導して，伝統ある「おおやま」ブランドに立脚しながら都市との交流を強め，産業融合型の生活文化産業を展開してきたが，広域合併や経済環境の変化の中で，新たな問題に直面しているといえよう。

［引用文献］

伊東維年（2009）「大分大山町農協の地産地消活動－農協による広域型地産地消活動の事例考察」産業経営研究 28.

岡橋秀典（1984）「過疎山村・大分県大山町における農業生産の再編成とその意義－農村・都市間人口移動の制御サブシステムとしての農協・自治体の事例として」人文地理 36-5.

岡橋秀典（2003）「中山間地域問題の構造と政策課題－大分県大山町のむらおこしの軌跡から」（石原潤編著『農村空間の研究（上）』大明堂）.

岡橋秀典（2010）「農林水産業と農村空間」福山市史編纂委員会編『福山市史　地理編』福山市.

岡橋秀典（2011）「山村の経済問題と政策課題」藤田佳久編著『山村政策の展開と山村の変容』原書房.

岡橋秀典（2017）「近郊農業の発達と農村の都市化」福山市史編纂委員会編『福山市史　原始から現代まで』福山市.

第10章　農村の環境問題

1．農村と環境

農村と都市は，取り巻く環境に大きな違いがある。都市は当然ながら人工的な環境が中心であるが，自然環境については都市環境に不可欠な要素として，人為的に維持されていることが多い。貴重な緑を提供する公園はその代表例であろう。これに対して，農村は圧倒的に自然環境が卓越するが，その大部分は農地や森林として存在している。農地や森林は本来，農業や林業の生産基盤であるが，同時に地域の環境（自然生態系）を構成しており，それゆえ国土の保全，水源のかん養，生物多様性の保全，良好な景観の形成といった多面的機能を，対価のない公益的機能として発揮している。このように農村の自然環境は，本来生産活動と密接な関係をもちながら再生産されてきたことが大きな特徴である。

農村の環境のもう1つの特徴は，自然環境であれ，人文環境であれ，長い時間をかけて人間が地表面を改変して作り上げたことである。農村集落の家並みや石垣のある棚田を思い浮かべれば，それが一朝一夕にできたものではないことは容易に理解できる。それは人々が長期間にわたり環境を整備し，環境を保全してきたことの結果なのである。

以上のように，農村の自然環境は，農地や森林のように多面的機能を有しているが，今日それが脅かされている場合も少なくない。耕作放棄，獣害，人工林の放置，水質の悪化，用水路や河川のコンクリート化，廃棄物の不法投棄，生物の生育環境の悪化，景観の悪化など様々な環境に関わる問題がみられる。このような状況の下，農村環境への関心が増大し，豊かな生態系や生物多様性の維持，美しい景観の形成・保全など，農村環境の保全に向けた取り組みが行われている。

2．農村の土地利用と土地問題

1）土地利用の変化

農村の環境を捉えるには，まず地表面の利用のあり方，すなわち土地利用を見ておく必要がある。表10-1は，1965年以降の日本の利用区分別面積を示したものである。2018年現在の構成をみると，森林は66.2%と国土の7割近くを占め，しかもこの約50年間に大きな変化はない。これに次ぐのは農地で11.7%を占める。農地の場合は1965年から2018年の間に減少し続け，602万haから442万haへと27%減少した。1960年代後半から1970年代にかけての高

表 10-1　国土の利用区分別面積の推移

（単位：万 ha）

	農地	森林	原野等	水面・河川・水路	道路	宅地				その他	合計
						計	住宅地	工業用地	その他の宅地		
1965 年	602	2,516	105	111	82	85	69	9	7	270	3,770
1975 年	557	2,529	62	128	89	124	79	14	31	286	3,775
1985 年	538	2,530	41	130	107	150	92	15	44	283	3,778
1995 年	504	2,514	35	132	121	170	102	17	51	303	3,778
2005 年	470	2,509	36	134	132	185	112	16	57	312	3,779
2015 年	450	2,505	35	134	139	193	118	15	60	324	3,780
2018 年	442	2,503	35	135	140	196	120	16	60	329	3,780
1965 年 構成比（%）	16.0	66.7	2.8	2.9	2.2	2.3	1.0	0.2	0.2	7.2	100.0
2018 年 構成比（%）	11.7	66.2	0.9	3.6	3.7	5.2	3.2	0.4	1.6	8.7	100.0

（国土庁および国土交通省資料により著者作成）

度経済成長期に他の用途への転用がかなりの規模で行われ，そのことが農地を大きく減少させた。1980 年代以降は，かい廃自体の勢いは落ちたものの，農地の新規造成による拡張面積も減少したので，その結果，農地面積は減少してきた。他方，宅地は 2.3 倍，道路は 1.6 倍となり，大きく増加した。宅地のうち，工業用地は高度経済成長期に大きく伸びたが 1975 年以降は微増，2000 年代はやや減少している。これに対し，住宅地は近年も比較的安定した伸びをみせている。

このように，日本の土地利用は戦後の経済成長にともない大きな変化をみせたが，2000 年代以降は土地利用転換の勢いが落ち着いてきていると言えよう。そうした中で，農地の減少は止まっておらず，この点が農村の土地問題として注目に値する。近年は，耕作の放棄が農地減少をもたらす要因の大きな割合を占めると考えられるが，そうした中でも，住宅地は緩慢ながらも増加し続けており，そこに日本農村の過疎化と，他方での都市化の進行という二極化した風景を見て取ることができる。このことは，土地という資産の価値について農村内部で大きな地域格差が生じたことを意味する。

都市周辺の農村について見てみよう。ここでは，宅地化を中心に農地の非農業的利用への転用が進んだ。それゆえに，農地価格も転用可能なところでは上昇し，土地の資産価値を押し上げてきた。農地転用のプロセスで一番問題なのは，小地片の分散的転用によるスプロール現象である。農地と住宅，工場，倉庫など，異なる土地利用が混在することによって生活空間に多くの問題が生じてきた。こうした無秩序な土地利用の抑制に一定の効果を発揮したのが，都市計画法（1969 年施行）であり，農業振興法（1969 年施行，「農業振興地域の整備に関する法律」）である。都市近郊農村において，市街化が進んだ地域と農地がまとまって残る地域が隣接していることがある。その最も大きな要因は，図 10-1 の例のように市街化区域と市街化調整区域の間に法律に基づき明確な線引きが行われているからである。都市計画法では，都市計画区域において，積極的に開発を進める市街化区域と開発を抑制する市街化調整区域の指定によって，都市的土地利用の秩序ある拡大が可能となった。さらに後者の農業振興法は，優良な農地を確保するために農業振興地域や農用地区域を指定し，従前からの農地法による農地転用許可制度も併用して転用規制を厳しくし，農業的土地利用の維持を図っている。農村景観の背後には，このような土地利用に関わる制度が存在することを知っておく必要がある。

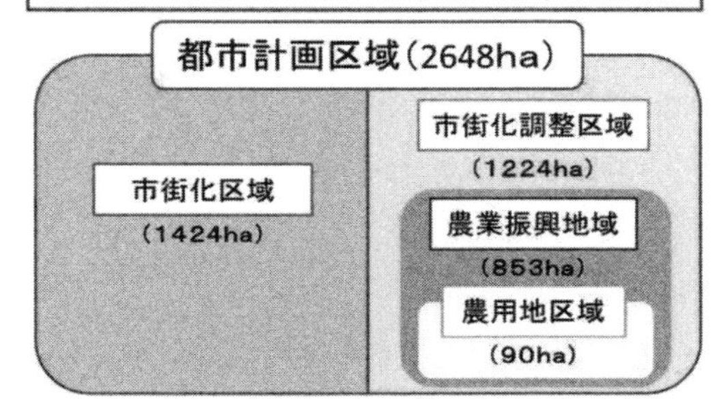

図10-1　農業振興法と都市計画法による土地利用区分の例－神奈川県海老名市の例
(海老名市ホームページ)

過疎化の進む中山間地域に目を向けよう。ここでは農地の転用の可能性が少なく，しかも条件不利な農地は放棄されるため，農地の価格は下落し，森林も含めて土地の資産価値が低下してきたと言えよう。耕作放棄は畑作物の衰退，平地との農業生産性格差の増大，労働力の減少，獣害など複合的な要因によるが，政策的には1970年からの米の生産調整政策の影響が大きく，山間地の稲作に大きな打撃を与え，土地基盤条件の劣悪な棚田地域を中心に休耕，さらには耕作放棄を続出させた。こうした事態の深刻化に対処するため，2000年度からは中山間地域等直接支払制度が導入された。これは傾斜地における農業生産条件の不利性をある程度資金的に補填することを通じて，耕作放棄の進行を抑えようとするものである。しかしながら，写真10-1の泉谷棚田のような小規模な地域では，この制度の恩恵に与れないという問題もある。

写真10-1　愛媛県内子町の泉谷棚田（棚田百選）
(著者撮影)

土地利用は当然土地所有とも関わっている。残念ながら，土地所有は統計がきわめて不完全で，松原(2012)によれば，1970年のデータでは，国土総面積の57.9%が私有地，21.7%が国有地，7.9%が公有地に属している。法人所有に注目すると，私有地の8.0%，すなわち全国土の4.6%を占める。これを地目別にみると，法人所有は雑種地や宅地で最も大きく2割をこえるが，山林・原野では5.7%，農地では0.7%と低い。農地の法人所有の少なさは，農地法により企業の土地取得が厳しく制限されていることが大きいであろう。日本の農業，農村のあり方には，基本的に農家のみに農地所有を限定した農地法が大きな影響を与えている。今後は，山林・原野の土地所有も森林経営のあり方をめぐって土地問題に関わってくると考えられる。

人口減少時代には，日本全体として有効に利用されない低・未利用地の増大が土地問題としてクローズアップされてくる。人口減少地域の多い農村では，耕作放棄地の増大，空き地・空き家の増加，森林の荒廃，商店街の衰退などがさらに進行すると考えられる。

表 10-2　農村の土地問題

	都市周辺農村	平坦稲作農村	過疎山村
農業的土地利用と都市的土地利用の調整問題	◎	○	△
農林業的土地利用における利用と所有の調整問題	△	◎	○
環境保全問題（外部経済と外部不経済）	○	△	◎

（岡橋（1992）を一部改変）
注：記号は，各地域にとっての問題の相対的な大きさを示している．

2）農村の土地問題

土地市場を通じて土地の流動化や土地利用の転換が進むにつれ，農村にはさまざまな形の土地問題が生じる。表 10-2 に示したように 3 つの問題に分けて説明できる。また，それらが都市に近い農村と遠隔の農村で重要度が異なることも表わしている（岡橋，1992）。

第 1 の農業的土地利用と都市的土地利用の調整問題は，都市的土地利用の拡大が顕著な都市周辺農村で早くから顕在化したが，今日では他の類型の農村でもリゾート施設や大規模商業施設の立地などにより増加している。農地の都市的土地利用への無秩序な転換が問題となったが，都市計画法（1969 年）により調整が行われるようになった結果，スプロール現象の防止に一定の効果を発揮した。しかし，線引きなどの実際においては，農業的土地利用と都市的土地利用の調整に困難さも認められる。

第 2 の農林業における土地利用と土地所有の調整問題は，農業生産と零細土地所有，林業生産と零細山林所有の間にある矛盾である。特に所有者の高齢化による農林業からの撤退，過疎化にともなう所有者の不在村化など，所有と利用の調整が重要課題となっている。これに所有者不明土地の問題も追加されて事態を複雑化させている。

第 3 の環境保全における外部経済と外部不経済の調整問題は，都市的土地利用への転換，農業の化学化，耕作放棄，人工林の放置といった私経済の合理性によって生じる環境面の外部不経済と，他方私経済として対価されないが農林業が有する，環境や景観，国土保全などの外部経済の問題に関わっている。特に，外部経済については農地保全のため中山間地域等直接支払い制度が導入され，また地球温暖化問題への対応で間伐が促進されるなど，新たな政策対応がみられる。

この 3 つの問題を踏まえることで，農村の土地をめぐる種々の問題を整理し，理解することが容易となる。

3．農村の環境整備

1）ムラから行政への整備主体の移行

かつて，少なくとも戦前までの日本農村では，集落の環境整備はもっぱら，個々の農家および家の連合した社会集団であるムラが主体となって行っていた（坪井ほか，2009）。環境の利用と整備の中心にあったのは灌漑であっただろう。それは稲作においては，集落による自治的，集団的な水の管理と利用規制がなければ，調整が不可能だったからである。ムラは灌漑用の取水について慣行水利権を有しており，その持続的利用のために，ため池，河川，用水路，堰などの水利環境の整備に資金と労働力を投入していた。他にも，ムラは環境維持のための共同作業を数多く実施していた。それは道普請，草刈り，神社の維持管理，里山の利用と管理，時には電化事業（西野，2020）にまで及んでいた。

第二次世界大戦後，行政・公共団体による環境整備の範囲が飛躍的に拡大した。その中の最たるものは，戦後改革の一環として設けられた土地改良制度であろう。戦前，耕地整理法（1899年）により耕地整理事業が国により実施されていたが，それを包括的な農地の整備事業に発展させ，「農用地の改良，開発，保全及び集団化に関する事業」（土地改良法（1949年），第1章第1条）として土地改良事業が発足した。こうして，耕地の区画整理や灌漑のための用排水施設などの農地の基盤整備は，土地改良事業として多額の財政資金を投入して行われるようになった。

事業完了後の施設管理は土地改良区が行い，水供給サービスをも担う仕組みが構築された。土地改良事業を実施しない場合も，従前の水利組合や耕地整理組合が土地改良区に編成替えされた。農地の基盤整備が進むとともに，その管理はムラから離れていった。一方，農地の基盤整備が進んだことにより，農業の機械化が容易になり，稲作農業の省力化が進んだ。

大規模な土地改良事業として干拓地の造成がある。日本では古くから干拓が行われてきたが，戦後の造成については，総造成面積の約80%が国営干拓地であり，干拓地の大部分は1940年代，1950年代の食料増産が課題であった時期に着工された（山野，2006）。その分布は図10-2の通りであるが，西日本では海面干拓が多く，東日本の日本海側は湖面干拓が多いといった地域的特徴がある。干拓地の農業は，八郎潟でよく知られるように先進的な大規模経営を期待されたが，米の生産調整政策のように，現実には常に農業政策の影響を強く受け翻弄された面もある。今日では，笠岡干拓地（1990年完工）のように，広い農地を確保できることから企業の農業進出がみられる一方，諫早湾干拓（2007年完工）のように環境変化による漁業被害をめぐって紛争となっているものもある。

生活環境面では，都市との格差是正を目標として，保健性，安全性，利便性を保証する社会資本整備が国・自治体により進められた。まず，モータリゼーションの進展に合わせて，道路の舗装・拡幅・新設などの整備が進んだ。道路（一般国道）の舗装率を例にとると，1955年には13.6%しかなかったものが，1970年に75.1%，2018年には93.1%まで達した。河川改修工事も治水や利水を目的として進められ，河川の直線化やコンクリート護岸化を行い機能面の改良を進めた結果，景観や河川環境を損なうことも多かった。河川法に，河川環境の整備と保全が追加されたのは，1997年の改正においてである。農村地域では下水道の普及が遅れたため，生活排水が農業用水路や河川に流入して水質の汚濁や悪化を招いていた。そのため，個別浄化槽の設置や農業集落排水施設の整備が進められた。2018年度末の汚水処理人口普及率は，5万人未満の市町村では80.3%（内訳は，下水道51.7%，浄化槽20.2%，農業集落排水施設7.9%）で全国平均の91.4%より遅れているが，急速に普及したことは評価されよう。農村にも都市型の公共施設の整備が進んだ。ホール（会館），図書館，体育館，公園などであるが，自治体単位で数多く整備されたために，合併等により施設の維持費用が問題になっている。

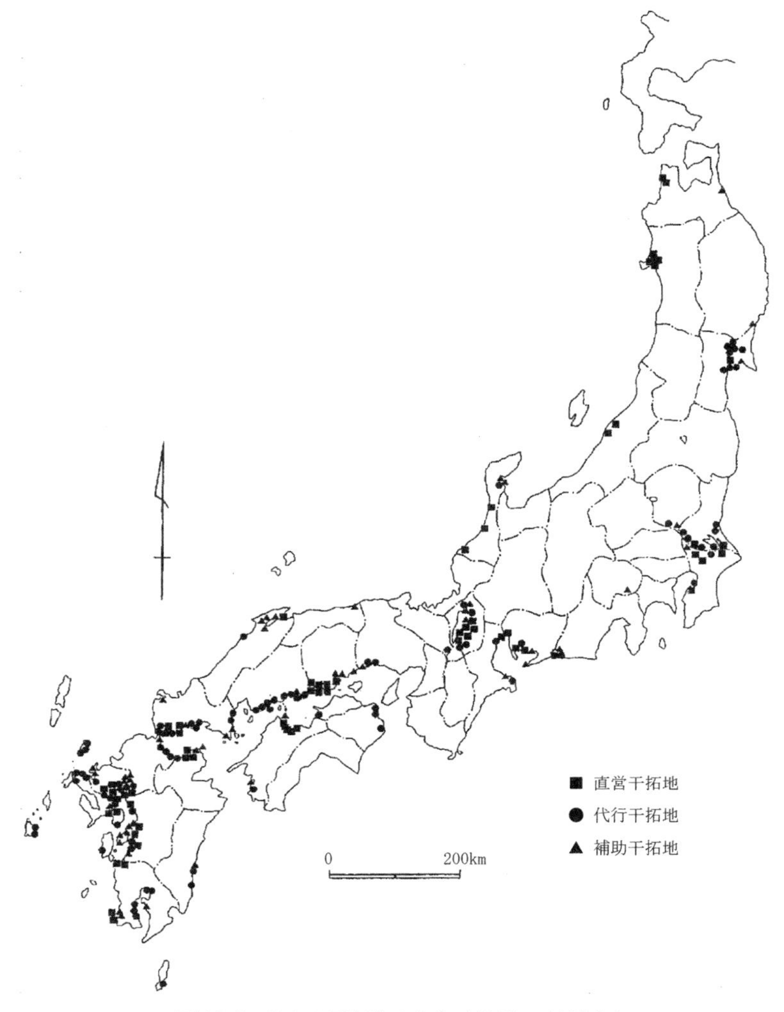

図 10-2　日本の干拓地の分布（1945 ― 1990 年）
（山野明男（2006）『日本の干拓地』農林統計協会）

2）ハードからソフトへの移行

以上のように，戦後農村の環境整備は社会資本整備の形で公共事業により進められた。しかし，箱ものづくりと揶揄されるように施設整備が中心となっていることが問題とされてきた。そのため，近年はハードからソフトへの移行が認められる。

農村の環境整備でも，先の 3 つの目標（保健性，安全性，利便性）に加え，快適性が浮上してきた。農林水産省の事業では，1986 年度からドイツに倣って実施した農村アメニティコンクール（2004 年度まで）や，ヨーロッパのエコミュージアムの考え方を取り入れた田園空間博物館事業に，そのような動きが看取される。前者の事業で提示された「農村アメニティ」とは，農山漁村特有の美しく緑豊かな自然環境や景観，歴史，風土等を基盤とし，ゆとりと潤いとやすらぎに満ちた居住快適性（農林水産省ウェブサイト）である。後者の事業は，農業・農村の営みを通じてはぐくまれてきた「水」と「土」と「里」が織りなす地域資源を歴史的・文化的視点から見直し，伝統的な農業施設や美しい景観を空間全体として整備・再生し魅力ある田園空間を生み出すこと（農林水産省ウェブサイト）を目的としていた。

自然環境の保全と利用，伝統文化等の保全・継承，景観に配慮した整備，住民の自主的，積極的取り組みなど，農村環境整備に新たな観点が付加されていった。そうした中で，2005 年には「日本で最も美しい村」連合が発足し，2019 年 12 月 1 日現在で 64 の町村・地域が加盟するに至っている。加盟には，人口が概ね 1 万人以下，地域資源（景観，文化）が 2 つ以上あること，連合が評価する地域資源を活かす活動があることを満たす必要があるが，ここにも農村の環境への関心の増大と環境保全に向けた主体的な活動が認められる。

4. 環境問題と環境保全

農村の環境問題はどのように捉えられるだろうか。個別具体的に問題をあげることは容易であるが，問題の性格が共通するものをグループ化して把握することが重要である。林（2012）は農村の環境問題を論じた数少ない研究成果であるが，営農環境の悪化という側面に焦点を当て，都市スプロール，耕作放棄地，不法投棄の問題を取り上げている。しかし，これまでに指摘されている問題群から見る限り，農村の環境問題はもう少し広い範囲に渡るであろう。この点で，環境から見た地域づくりのあり方検討チーム（2000）が，地域における環境問題として，地球温暖化問題，自動車交通問題，水環境問題，廃棄物問題，生物多様性の保全，景観保全とアメニティの確保を掲げているのが参考になる。これらの成果を踏まえて，ここでは，地球温暖化問題，水環境問題，生物多様性の保全問題，景観保全問題，営農環境問題，森林環境問題，居住空間問題，廃棄物問題の 8 つの問題領域群に整理し，それぞれの具体的な問題を示した（表 10-3）。

これらの問題はそれぞれ独立しているのではなく，相互に関係している場合が多い。例えば，

表 10-3　農村の環境問題と対応策

問題領域	地球温暖化問題	水環境問題	生物多様性の保全問題	景観保全問題	営農環境問題	森林環境問題	居住空間問題	廃棄物問題
具体的な問題	二酸化炭素の排出と温暖化	水質の悪化，水循環の阻害，ため池の維持管理	個体数の減少，生息・生育環境の悪化	景観の悪化	スプロール，耕作放棄，鳥獣被害，ビニール等の廃棄物	森林の荒廃，人工林の放置，里山の荒廃	空き地・空き家の増加	廃棄物の特定地域への集中，廃棄物の不法投棄
対応策	低炭素社会，自然エネルギー，バイオマス，自然循環機能の向上	排水処理システム，水循環の確保，水源かん養能力の向上	生息・生育環境の保全と創出，生物多様性保全活動	自然環境の保全，文化的景観の保全，土地利用および景観の規制，景観条例，景観づくり活動	適切な線引き，農地流動化，鳥獣害対策	間伐の実施，計画的な伐採	自治体の実効的対応，空き地・空き家の利活用	分別収集，リサイクル

（著者作成）

写真 10-2　獣害対策用に橋上に設置された柵（東広島市豊栄町）

景観保全問題は，景観構成要素という点で他の 7 つの問題すべてと関わりを持つだろう。また，水環境問題と生物多様性の保全問題はともに，水循環や生息環境という点で，森林環境問題や営農環境問題とも関わる。このような重複が生じるのは，多くの環境問題が土地利用や土地問題と密接に関わっているためと考えられる。それゆえ環境問題の対策では，前節で述べた土地問題との関わりが重要であり，また他の環境問題とも関連づけて横断的に捉える必要がある。写真 10-2 の獣害問題はこのような複合的視点が求められる好例である。

この点で，各自治体で「農村環境計画」が策定されるようになったのは，農村の環境問題への包括的かつ横断的な対応といえよう。これがなされるようになったのは，食料・農業・農村基本法や，土地改良法の 2002 年改正によって，農業農村整備事業の実施において環境への配慮や住民参加が求められるようになったためである。今後これが単なる手続きに終わらず，どのような環境保全の成果を生むか注視する必要がある。

農村の環境問題に関わる興味深い事例を 2 つ示しておきたい。

1 つは，ため池に関わる環境問題である。ため池は全国に 210,769 池（1997 年）あり，都道府県別の上位は，1 位兵庫で，以下順に広島，香川，山口，大阪，岡山と続き，瀬戸内海沿岸が多いが，図 10-3 のようにそれ以外の地域にも広く分布する。日本では馴染み深い水環境と言えよう。ため池は本来灌漑水利のために設けられたものであり，農家による水利集団やムラによって維持されてきた。しかしながら，河川が行政の管理下に置かれているのに対し，ため池の事業主体は現在でも大半が集落または「申し合わせ組合」で，行政や土地改良区によるものは少ない（南埜・本岡，2016）。そのため，農業の衰退や農業従事者の高齢化により，維持管理が不十分なケースが目立つようになった。そうした中で，内田（2003，2008）はため池の「多面的機能」に注目し，ため池の持つ環境保全（自然環境保全・防災）などの公益性を明らかにした。これにより，農家以外の住民も含めた地域社会とため池との関わりが生まれ，ため池が地域づくりに寄与した例もある。猪原（2017）は大都市圏郊外地域におけるため池と地域社会との関わりに焦点を当て，住民の対応や意識の多様性を明らかにしている。2019 年には，ため池の適正管理と保全を促す「農業用ため池管理保全法」が施行され，防災を意識した取り組みがなされている。

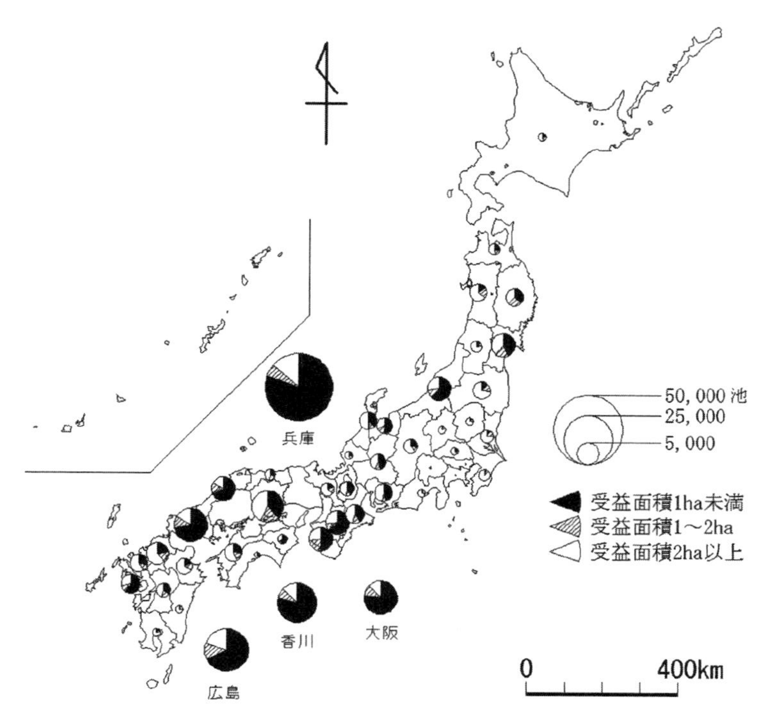

図 10-3 「1997 年」台帳による都道府県別の溜池数と受益面積別溜池の割合
（南埜　猛・本岡良太（2016）「日本における溜池の存在形態と動向－『ため池台帳』（1997 年時点）をもとに－」兵庫教育大学研究紀要 49）

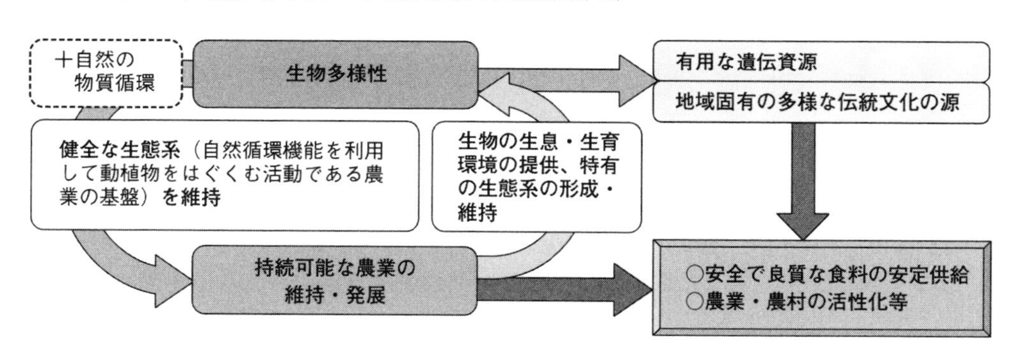

図 10-4　生物多様性と食料・農業・農村の関係
（農林水産省「平成 19 年度　食料・農業・農村白書」）

2 つ目は，生物多様性の保全問題に関わる保護活動である。生物多様性の保全問題は，農林水産省の作成した模式図，図 10-4 のように，様々な関連性，波及性をもっている。生態系を介して持続可能な農業と関係し，また有用な遺伝資源の確保や地域固有の多様な伝統文化の源となることを通じて，農業・農村の活性化に貢献している。ここにはさらに，生態系を通じて関わる森林環境や，来訪者の観光や商品のブランド化も追加されて良いであろう。

このような展開を示す好例が，兵庫県豊岡市のコウノトリの野生復帰である。絶滅した鳥の野生復帰に向けて，行政，農業，県立コウノトリの郷公園，市民の包括的な取り組みがあったこと，「安全なお米と生き物を同時に育む農法」が導入され，生産された米は生き物ブランド農産物として高い付加価値を得ていること，さらに地域の自然環境や生活などに関する意識を高める効果もあったことが指摘されている（菊池，2013)。来訪者については，コウノトリを見ることが最大の目的であり，積極的な学びを志向する人は少なかったが，コウノトリの郷公園という施設の満足度も重要であることが示されている（淺野ほか，2009)。地域としての包括的な取り組みが好循環を生んでいると言えよう。

特別天然記念物・オオサンショウウオ保護活動の事例も紹介されている（毛・淺野，2019)。保護活動の継続を通じて，住民は関心を高め，保護活動を好意的に捉えるようになっているが，保護につながる活動に自ら参加したいと思ってはいないという状況が紹介されている。実際には，このような事例が多いと思われるが，環境問題は農村地域の微細な変化を映すサインとしても重要な意味を持っているように思われる。

［引用文献］

淺野敏久・林健児郎・李光美・塔娜（2009)「コウノトリの野生復帰と観光化－来訪者アンケート調査から－」環境科学研究（広島大学大学院総合科学研究科紀要Ⅱ）4.
猪原　章（2017)「大阪府和泉市のため池の変化と周辺住民のため池に対する意識」人文地理 69-2.
内田和子（2008)『ため池－その多面的機能と活用－』農林統計協会.
内田和子（2003)『日本のため池－防災と環境保全－』海青社.
岡橋秀典（1992)「農村の産業経済」(石井素介編『産業経済地理－日本』朝倉書店).
環境から見た地域づくりのあり方検討チーム（2000)『「環境から見た地域づくりのあり方」報告書』中央環境審議会企画政策部会.
菊池直樹（2013)「大型鳥獣の保全を軸にした地域づくり－豊岡のコウノトリと鶴居のタンチョウ」(淺野敏久・中島弘二編『自然の社会地理（ネイチャー・アンド・ソサエティ研究　第 5 巻)』海青社.
坪井伸広・大内雅利・小田切徳実編著（2009)『現代のむら－むら論と日本社会の展望－』農山漁村文化協会.
西野寿章（2020)『日本地域電化史論－住民が電気を灯した歴史に学ぶ』日本経済評論社.
林　琢也（2012)「農村の環境問題」(杉浦芳夫編『地域環境の地理学』朝倉書店).
松原　宏（2012)「土地資源」(中藤康俊・松原宏編『現代日本の資源問題』古今書院).
南埜　猛・本岡良太（2016)「日本における溜池の存在形態と動向－『ため池台帳』(1997 年時点）をもとに－」兵庫教育大学研究紀要 49.
毛　慧敏・淺野敏久（2019)「東広島市豊栄町におけるオオサンショウウオ保護活動への住民参加の可能性と課題」広島大学総合博物館研究報告 11.
山野明男（2006)『日本の干拓地』農林統計協会.

第11章　農村の景観保全と景観づくり

1．農村景観の変化

日本の農村景観は，戦後高度経済成長期以降大きな変容をとげた（詳細は，岡橋（2006）参照)。農村では，農地の転用・開発，土地改良事業による農地等の整備，道路・河川などの社会資本の整備，個人の住宅の新築・改築などが，直接，間接に景観を大きく変えてきた。農村の社会資本整備は人々の生活を便利にしたが，公共事業による道路や河川の工事にみられるように，大規模な土地改変を通じて景観破壊の原因になったものも多い。このような景観破壊の事例は，カー（2014）が，具体的に電線，鉄塔，携帯基地局，看板，広告，コンクリートなど豊富な写真を提示している。それらは我々の周りにあふれていることに気づくが，同時に景観には我々主体側の文化的コンテキストが関係していることも考えさせてくれる。

また，現代の農村は経済の非農業化が進み，かつ農林業の収益性の低下が著しいため，土地利用面では農業や林業が卓越しながらも，耕作放棄や人工林の放置が増え，生産を通じた景観の維持が容易でなくなっている。そのことが農村景観の荒廃をまねいている面がある。

景観というと，目に見えるものに注意が向きがちであるが，それらを大きく規定しているのは，景観要素の配置に関わる地域構造であり，地域計画である。もし無秩序性が景観に目立つのであれば，個々の景観要素以上に，土地利用制度など地域全体の整備のあり方に問題があるに違いない。日本の都市近郊農村の景観には，この点の無策を痛感させられる事例が少なくない（写真 11-1)。

写真 11-1　農業振興地域にも広がる耕作放棄地
（奈良県北西部の農村）（著者撮影）

一方，景観を形成・維持する主体，また景観を評価する主体にもこの間大きな変化が現われた。農村環境の維持管理の主体であったムラ社会は今日著しく弱体化し，さらに都市住民が流入して混住化社会を形成している。そのため，景観の管理主体が不明瞭となり，景観評価も新旧住民間で分裂がみられるようになった。旧来からの農村住民も兼業化，脱農化の進行により，その生活形態や意識面で都市住民と大きく変わらない部分が増えている。こうして現代の

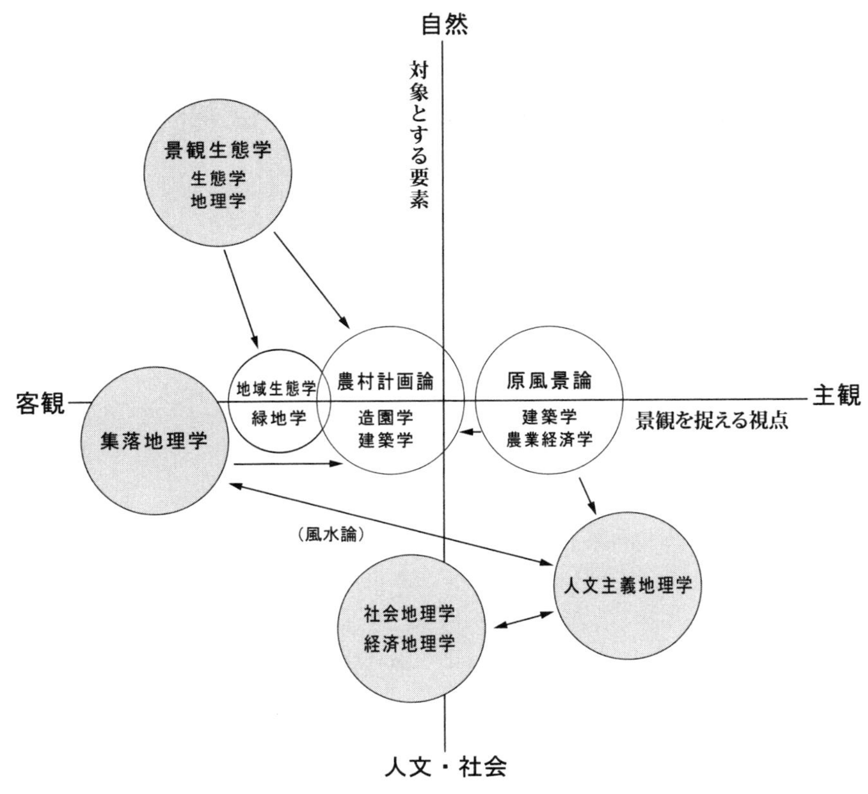

図 11-1　農村景観研究における諸分野の位置と関係
（岡橋秀典（1996）「今なぜ景観か－問題提起として」地理科学 51-3）

農村では，景観の無秩序化や破壊の中で，景観に関して行政や地域社会等による公的な調整と対応が不可欠となっていると言えよう。

本章は，景観論を正面から議論するのではなく，景観の変化，景観保全，景観づくりなどの景観に関わる事象を通じて，現代農村の特質を見ていくことがねらいである。ただし，農村景観については固有の観点を持った多くの学問分野が関わっているので，学問分野の分布を示した図 11-1 により，その広がりを見ておくことが肝要である（岡橋，1996）。ここでは，景観を捉える視点（客体重視か主観重視か）と，対象とする景観要素（自然か人文社会か）という 2 軸によって位置づけている。また，これまでの地理学系の景観に関する議論は，渡部ほか(2009)に整理されているので参照されたい。

2．景観への関心の高まり

農村景観への関心が高まった要因を考えてみよう。多くの要因が複合的に働いていると考えられるが，ここでは 4 点をあげておく。

まず第 1 に，均質かつ無国籍な景観の蔓延による，没場所性と地域アイデンティティの喪失が問題とされるようになったことがあげられる（レルフ，1999）。日本では，社会資本の整備や都市的生活様式の普及が景観の画一化を進め，その結果，自然生態系に依拠したかつての地域性豊かな農村景観を失ってしまったとの認識がなされるようになった。さらにふるさと志向の強まりもあって，地域らしさが見直され，地域固有の文化景観の再評価につながったと言えよう。

第2には観光やツーリズム等の資源として景観が重要であることが理解されるようになったことがあげられる。美しい景観が，観光客の誘致，特に海外からのインバウンド観光の振興に重要であることが理解されるようになった。日本でもグリーンツーリズムが発達するヨーロッパ農村や世界遺産の情報が広く提供されるようになったことが大きい。例えば，イタリアの農村観光（アグリツーリズモ）は景観保護と並進したことにより，その魅力を増すことができたという（宗田，2012）。

第3には，1980年代後半ころからの米の自由化問題を中心に日本の農業への危機感が高まり，それを維持する理由として景観を含む公益的機能が主張されるようになったことがあげられる。棚田の保全はこうした動きの代表例であろう（中島，1999）。ハイマス（1994）が日本の棚田の美しさを外国人の視点で発見し，1999年には日本の棚田百選（134カ所）が農林水産省の手で選ばれた。農業は，国際競争の激化の中で，多面的機能の主張を通して景観や環境との関係を強めてきた。

第4には，良好な居住環境に大きな価値を認めるようになったことがあげられる。田園回帰の中には，快適で心地よい「場」を求めて移住するケースが少なくない。第4章で述べたライフスタイル移住では，特定の場所に意義や価値を見出し，そこに自己実現の可能性を求めて移住が行われる。当然ながら，そこに景観との接点が出てくる。

3．景観政策の展開

農村環境の整備においては当初，機能が最も重視され，景観が配慮されることは少なかった。戦後，高度経済成長期頃までの農村整備は，基本的に施設などのハードウエアの整備が中心であった。しかし，1980年代になると，道路，河川などの社会資本整備でも量より質が問われるようになり，「保健性」，「安全性」，「利便性」に加えて第4の目標として「快適性」が重視されるようになった。経済面で観光・リゾート開発が重視されるようになったこともあって，行政の景観への関心が高まっていく。こうして「農村美」を求めて農村造形を行う動き，すなわちルーラル（ランドスケープ）デザインが志向されるようになった（岡橋，1993;岡橋，1995）。

同時に，都道府県や市町村の景観関連条例のように，制度的に景観の保全・整備を進める動きも強まってきた。都道府県の場合，1985年の滋賀県の「ふるさと滋賀の風景を守り育てる条例」が最初で，その後条例制定県が80年代後半から90年代にかけて急増し，2002年度には23に達した（景観法施行を経た2019年度には40)。また,市町村でも景観条例の制定を行ったものは445（2002年7月現在）あり，全市町村の約14%に達していた。

2000年代に入ると景観形成の制度的基盤が一層強化される。2004年に景観法が施行された

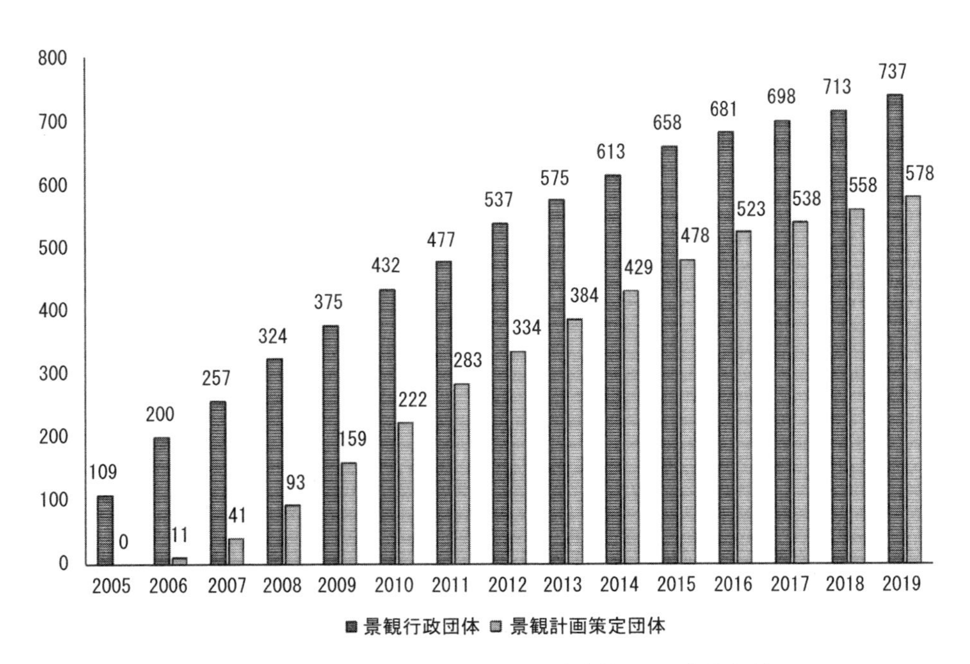

図 11-2 景観法の施行状況（国土交通省資料により著者作成）

が，これにより景観の保全に関する法的規制力が強化され，景観政策が一気に充実した。景観法は，都市，農山漁村等における良好な景観の形成を目的としている。基本理念は下記のように規定されている。①国民共通の資産であること，②地域の自然，歴史，文化等と人々の生活，経済活動等との調和により形成されるため，適正な制限の下にこれらが調和した土地利用がなされる必要があること，③地域の個性を伸ばすよう多様な景観形成を図ること，④地域活性化に資するよう，住民，事業者及び地方公共団体の協働が必要なこと，⑤良好な景観の形成は，保全のみならず新たな創出を含むこと。

景観法は地方公共団体が景観法に基づく景観計画を定めた場合にのみ実効性を発揮する。景観法に基づく景観行政についてみた図 11-2 によれば，景観行政団体が 737，景観計画策定団体は 578（うち，558 が市区町村，20 が都道府県）に達しており，現在の 1,741 市区町村の約 30% が積極的に景観づくりに取り組んでいるといえよう。これまで年に 50 団体を超える急ピッチで増加してきたが，2016 年以降はやや鈍化してきている。

景観法の制度の概要を示した図 11-3 のように，建物の形態意匠等について具体的に規制できるのは景観地区であり，景観保全には，この地区の設定と，当該住民との合意で定められたルール（景観協定）が重要な意味を持つ。景観地区は，2019 年現在で 50 地区が設定されているが，そのうち純然たる農村景観は，富良野市，ニセコ町，倶知安町などごくわずかにすぎない。農村向けには，農業を将来的に継続させることで地域を守り，景観を守る，という考えの「景観農業振興地域整備計画」があるが，策定団体は 11 団体にとどまる。

景観法に加えて，文化財保護法の一部改正（2004 年）により文化的景観が文化財に追加されたことも景観政策の深化に寄与した。「地域における人々の生活又は生業及び当該地域の風土により形成された景観地で我が国民の生活又は生業の理解のため欠くことのできないもの

景観行政団体

都道府県、政令市、中核市及び都道府県との協議を経たその他の市町村

景観協議会

景観計画区域内の良好な景観形成に向けて、行政と住民等が協働で取り組むための組織

［オープンカフェの取組例］

景観整備機構

・NPO法人や一般社団法人、一般財団法人を指定
・住民活動の支援や調査研究等の業務を実施

［まちづくりセミナーの取組例］

ソフト面の支援

景観計画（都市計画区域外を含め、全国で策定可能）

・区域と方針、行為ごとの規制内容等を定める
・届出に対する勧告（形態意匠（色やデザイン）については変更命令も可能）

景観協定

住民等の全員合意により様々なルールを設定

景観重要建造物・樹木

景観上重要となる建築物等を指定し積極的に保全（現状変更許可）

景観地区（都市（準都市）計画区域内）

・都市計画として市町村が決定
・建築物の形態意匠や高さ、壁面位置等の規制が可能
・工作物の設置や土地の形質変更等の規制も可能

準景観地区（都市（準都市）計画区域外で景観計画区域内）

・市町村が指定
・条例を定めて、景観地区に準じた規制を実施

規制緩和措置の活用

屋外広告物法との連携

04-02

図 11-3　景観法の制度概要（国土交通省ホームページ）

写真 11-2　重要文化的景観「奥飛鳥の文化的景観」の稲渕棚田（日本棚田百選）（著者撮影）

（文化財保護法第二条第 1 項第五号より）」であり，文化的景観の中でも特に重要なものは，都道府県又は市町村の申出に基づき，「重要文化的景観」として選定される。2019 年 10 月現在で，全国で 65 件が選ばれている。その大部分は農村地域であり，文化的景観は明らかに農村と親和性のある景観政策であると言えよう。写真 11-2 は，その 1 つである「奥飛鳥の文化的景観」の棚田地域である。文化的景観の重要な点は，景観の公共性と動態的な維持・再形成という点である（金田，2012）。生業や風土からなる「システム」自体の維持，継承に重きを置く「動態的保存」を図る仕組みが整ったことで，地域の生業，産業，文化をいかに価値づけし，育成・継承していくかという部分が重要となり，このことが地域づくりにも結びつくようになっ

た（奥，2019）。

文化財保護法では，1975 年の改正で発足した伝統的建造物群保存地区（伝建地区）も，歴史的な集落や街並みなどを面的に保存する点で景観政策に関わっている。2019 年 12 月現在で重要伝統的建造物群保存地区は，100 市町村，120 地区あり，全国的な広がりを見せている。すでに観光資源として知られているところも多いが，宿場町など中山間地域の町場に多く，農村地域の振興と関わるところが大きい。

4．農村における景観づくりの展開と課題

1）農村の景観保全の特質

景観政策の制度的基盤が整備され，文化的景観のような農村地域に適合するものもあるが，農村の景観づくりは総じて遅れているように思われる。これまでの景観への関心や景観づくりの対象は，もっぱら都市や集落の伝統的街並みか，その対極の自然地域の景観であった。その中間にある農村景観への対処は意外に進んでこなかった。横張・渡部（2009）によれば，その理由は，改変を最小化し，出来る限り現状を維持する単純な保全の発想では対処できないからである。農村では変化する景観を念頭に置く必要があり，姿カタチの維持ではなく，環境と人々との生きた関係性の継承が課題となる。まさに，この指摘は上述した文化的景観が指向するものと相通ずるところがある。

2）町並み保存と「創られた伝統」

景観保全で先頭を切ったのが，1975 年の文化財保護法改正による伝統的な建造物群（以下「伝建」）であった。それは，周囲の環境と一体をなして歴史的風致を形成している伝統的な建造物群で価値が高いものと規定される。2019 年末までで重要伝統的建造物群保存地区（重伝建地区）に選定されたのは 120 地区であるから，年平均で 2.7 件，1 年に 2 件ないし 3 件の指定がなされてきた。ほぼコンスタントに指定されているのは，それが周到な調査に基づき計画的に選定されているからであろう。

沖縄県竹富島は 1987 年選定であるが，調査は制度が始まった 1975 年にすでに始まっていたので，初期の事例と言えよう。福田（1996）はこの島を対象に「創られた伝統」という視点から，この街並み保存の制度にアプローチした。伝建制度は，過去の遺物や遺構ではなく実際に生活が行われている状態で保存しようというもので，凍結的に保存する他の多くの文化財とは異なる。それゆえ保存のプロセスでは，常に，学問的な見地，行政の介在，住民の意志が三つ巴となり，それを反映して，学問的な見地からの真正性を前提に選定された伝建地区が，いつの間にか伝統を創り出していくことが生じる。それは増殖していった赤瓦を使用した非伝統的建造物（図 11-4）に象徴的に表されている。もちろん，このようなプロセスは，生活の場を対象とする限り生じることであり，決して全面的に否定されるべきことではないだろう。むしろ，この種の景観政策が真正性の神話を乗り越えていくことが課題となる。

真正性を考えさせる別の事例がある。徳島県の東祖谷（いや）地域を対象とした朝倉（2014）では，

観光地化への地域住民の対応に注目している。ここで真正性を賦与したのはアレックス・カーという，古民家の価値に光を当てた人物であった。その「まなざし」の下，観光地東祖谷の象徴としての伝建地区の景観を中心として，「新しい観光」として地域住民や既存の体験プログラムなどが再配置された。こうして，東祖谷地域はカーが追求する真正性が具現化された観光地をめざすことになったが，そこでの地域住民の観光実践は，生活感覚や生活経験に基づき真摯さを大切にした「素朴な」もので，カーの真正性追求との間には緩やかな断絶関係がみられたという。ここにも，真正性と一線を画した地域住民の認識と行動がみられる。

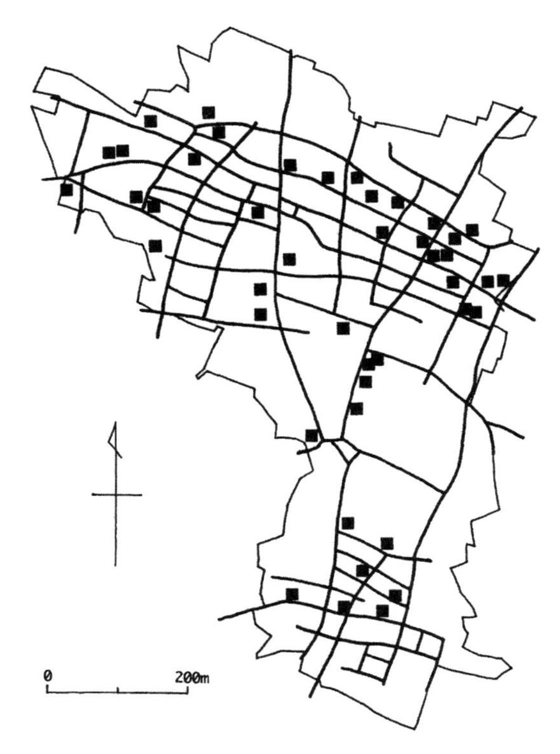

図 11-4　赤瓦を使用した非伝統的建造物
（福田珠己（1996）「赤瓦は何を語るか－沖縄県八重山諸島竹富島における町並み保存運動－」地理学評論 69A-9）

伝建地区では当然ながら日常生活も営まれるが，そこでの住民の具体的な対応をみた研究もある（羽田ほか，2016）。合掌造りで有名な岐阜県白川村荻町地区を事例に，対象集落が保全しようとする農村像，すなわちこの地区を来訪する観光客が目にする集落景観や，民宿や見学施設で体験する内容と，合掌造り家屋で生活する住民の生活様式には相違があること，また住民が要求する生活は都市部で生活する人々と大差はなく，保全に関する規制が多いため，満足できる居住環境への変更が困難となっていることを明らかにしている。

このように，文化財保護法による伝建制度は発足後 50 年弱を経過し，重伝建地区だけでも 100 を超え，景観保全で大きな成果を上げてきた。近年は，インバウンド観光の対象としても注目されている。中山間地域に所在するものが多いことから，地域振興に果たす役割も明らかにする必要がある。

3）景観行政未着手地域における景観問題

景観政策の進展について述べてきたが，景観政策への取り組みが弱い自治体は未だ多い。ここではそうした農村における景観の問題について考えてみたい。

景観法にもとづく取り組みのない自治体が全国には数多くある。2009 年に国土交通省が実施した第 6 回景観法活用意向調査によると，景観行政団体になる意向のない自治体が全地方自治体（都道府県を含む）の 63% を占めている。その理由として「景観行政上の特段の課題がないため」（全体の 59%）が最も多い。そこには，希少で真正性のある景観のみが政策の対象となるという意識が存在するように思われる。果たしてそうであろうか。

写真 11-3　東広島市西条盆地の農村景観（著者撮影）

ここでは，このような一自治体として東広島市を取り上げ，そこでの景観問題を考えてみたい（岡橋，2005；岡橋，2010）。東広島市は，広島市に隣接する近郊農村地域であり，特にJR山陽本線や山陽自動車道に近く交通便利な中心部では，人口流入が進み急速な都市化がみられる。西条盆地を中心に小盆地が点在しているところに景観的特徴があり，それらを取り囲むように1,000m未満の山地が広がる。もっともよくみられるのは，盆地の周囲を囲む山々や里山のアカマツ林を背景に，赤瓦と白壁の農家が点在し，その手前に水田が広がるという景観である（写真 11-3）。このような赤瓦屋根の農村景観については住民の評価が高く，また広島県の文化資源として外部からも認知されている。

東広島市の赤瓦景観を存続させている要因は図 11-5 のように整理される。赤瓦景観は，寒冷な環境に適した屋根材として明治末から普及した。農村部では瓦の普及は遅かったが，赤瓦は寒さに強く，雪滑りもよいという情報が流布することにより，多くの農家が赤瓦を葺くようになった。赤瓦は値段が黒瓦よりも高価だったため，立派な家を建てたということになり，裕福さの象徴でもあった。また，「居蔵（いぐら）造り」と呼ばれる重層入母屋造りが明治から流行し瓦葺きを普及させた。現在この地域の景観を特徴づける赤瓦景観は，わずかここ 70 年程度の間にできたものである。

こうして，アカマツの山の緑をバックにした赤瓦景観は，美しい景観として知られるようになった。市は公共施設に赤瓦を採用した実績はあるが，景観保全の取り組みを行ったことはない。それゆえ，存続の要因は，住民が抱く景観像であり，農村のコミュニティ意識の強さではないかと考えられる。アンケートによれば，赤瓦の場合は周囲の家や景色に合うことが強く意識されている。さらに地域の色として当然という認識にも発展する。

こうした中では，都市化のような地域構造の変化に伴い容易に景観が失われていく。杉谷（2018）が明らかにしたように，近年は伝統的家屋とは異なる様式の住宅が増加し，建築様式の混在に伴って色彩や屋根形状，住宅外構も多様化し，まとまりに欠ける住宅景観が形成されつつある。

赤瓦景観は真正性の議論にはなじまない対象であり，単純な規制論だけでは守れないことは明白であろう。それゆえ，景観政策を推進するには，このような事実をふまえた上で住民間の対話を深めていく作業が求められる。

東広島市のような農村で，景観からの地域づくりを考えることは景観政策にとどまらない効用がある。目に映ずる景観を軸に地域を全体的に捉えることができ，また地域の様々な要素を総合的に関連づけていくことが期待できる。つまり，景観を手がかりとすることで，それまで十分意識されなかった，地域と地域，人間と自然，そして人間と人間，といった結びつきが浮

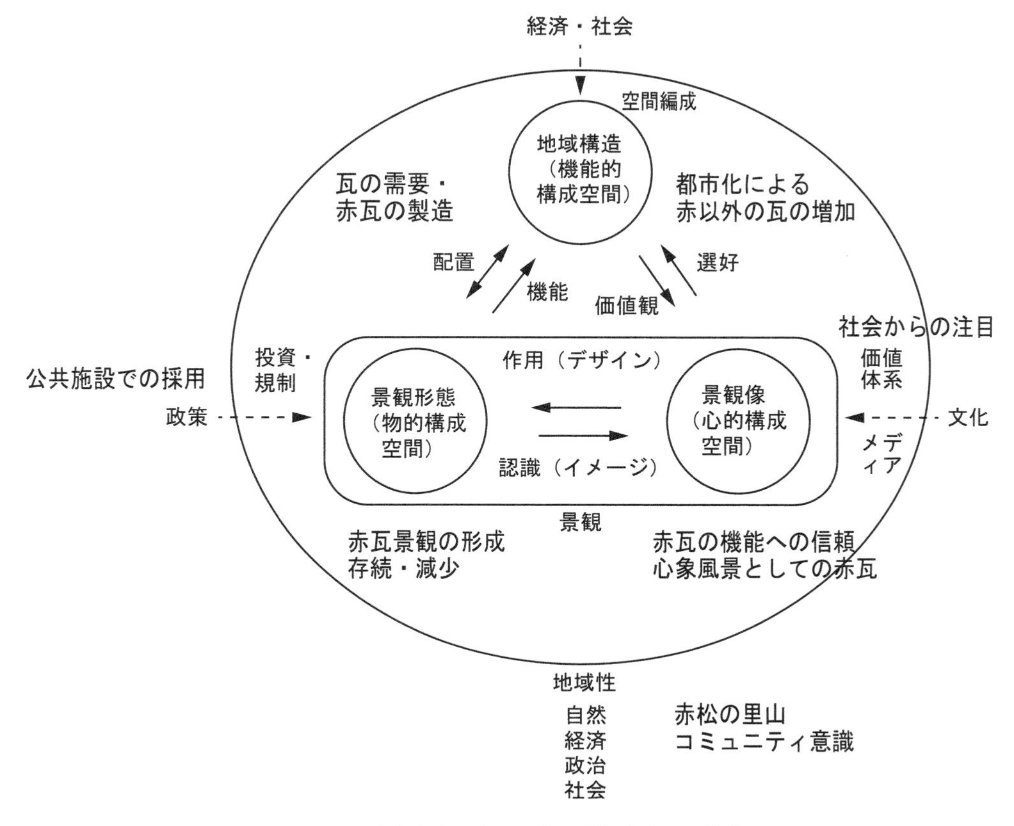

図11-5　東広島市における赤瓦景観を支える構造
（岡橋秀典（2005）「東広島市における景観保全と住民意識－赤瓦景観を中心に－」
広島大学大学院文学研究科論集65）

上してくる。景観は様々なものを結びつける作用があり，そこに景観から地域づくりを考えていく大きな効用がある。

4）景観をめぐる葛藤と紛争

現代日本の農村景観を巡っては相異なるベクトルが並存している。例えば，都市住民と農村住民の間には景観の評価をめぐって違いがあることが指摘されている。都市住民は農村住民よりも農村をレクリエーション空間として評価し，また農村地域の生態系についても，より保全的であるべきとする。また，都市住民の方が「不整形な景観，余り管理されていない景観，自然が豊かな景観，伝統的景観」を指向するのに対し，農村住民の方は「整形な景観，管理された景観，人工的景観，近代的景観」を指向するという（平井，1988）。事態をより複雑にしかねないのは，農村住民も自らの都市志向の中で都市住民と視点を共有するようになっており，農村内部でも評価の分裂がみられることである。このように，そもそも指向される農村景観像も必ずしも同一のものではないことが考えられる。それらは相互にまったく相反するわけでもないが，実際の地域づくりの中ではしばしば葛藤を生ずる場面がみられる。

さらに，事業者と住民との間に紛争が生じることも少なくない。特に景観の支障となる工作物が設置される場合がそれに該当するが，太陽光発電設備をめぐる問題が多く発生している。近年，全国的に太陽光発電設備が設置され，特に農村では中山間地域の農地や森林に設置されたものが多い。しかし，これらについて景観面はもちろんのこと，多くの影響を与えるにもかかわらず，十分な規制がなされていないのが実情である。ここでの葛藤は，住民間ではなく，設置者の企業と地元住民の間の対立の形をとることが多い。

林（2016）は山梨県北杜（ほくと）市の事例を報告している。太陽光発電施設は農村空間に変化をもたらす重要な行為主体（アクター）であり，それによって引き起こされる地域変化は，森林伐採や景観悪化といった可視的なもののみならず，そこに暮らす住民や移住者・別荘所有者，その地を訪れる観光客といった人々の心理面や行動にまで大きな影響を及ぼすとみている。

［引用文献］

朝倉槙人（2014）「生活空間への観光のまなざしと住民の対応－徳島県三好市東祖谷地域を事例として－」人文地理 66-1.
岡橋秀典（1993）「ルーラルデザインの展開と農村景観論」地理科学 48-4.
岡橋秀典（1995）「農村と景観－ルーラルデザインの可能性をさぐる」（中越信和編著『景観のグランドデザイン』共立出版）.
岡橋秀典（1996）「今なぜ景観か－問題提起として」地理科学 51-3.
岡橋秀典（2005）「東広島市における住民の景観意識と景観保全－赤瓦景観を中心として－」広島大学大学院文学研究科論集 65.
岡橋秀典（2006）「農村の景観－原風景とその変容」（山本正三・谷内　達・菅野峰明・田林明・奥野隆史編『日本の地誌 2　日本総論Ⅱ（人文・社会編）』朝倉書店）.
岡橋秀典（2010）「東広島市における市民の景観意識と景観づくりへの課題－アンケート調査にもとづく一考察－」広島大学総合博物館研究報告 2.
奥　敬一（2019）「森林景観の保全における文化的景観概念の役割」林業経済研究 65-1.
カー，アレックス（2014）『ニッポン景観論』集英社.
金田章裕（2012）『文化的景観－生活となりわいの物語』日本経済新聞出版.
杉谷真里子（2018）「伝統的家屋と住民の意識－広島県東広島市における住宅景観を事例に－」都市地理学 13.
中島峰広（1999）『日本の棚田－保全への取組み』古今書院.
ハイマス，ジョニー（1994）『たんぼ　めぐる季節の物語』NTT 出版.
羽田司・松井圭介・市川康夫（2016）「白川郷における農村像と住民の生活様式」人文地理学研究 36.
林　琢也（2016）「農村地理学の視点から太陽光発電施設の建設問題を考える」地域生活学研究 7.
平井秀一（1988）「農村地域の景観」（鳴海邦碩編著『景観からのまちづくり』学芸出版社）.
福田珠己（1996）「赤瓦は何を語るか－沖縄県八重山諸島竹富島における町並み保存運動－」地理学評論 69A-9.
宗田好史（2012）『なぜイタリアの村は美しく元気なのか－市民のスロー志向に応えた農村の選択』学芸出版社.
レルフ，エドワード（1999）『場所の現象学－没場所性を越えて』筑摩書房.
横張　真・渡部陽介（2009）「農山村における文化的景観の動態保全」ランドスケープ研究 73-1.
渡部章郎・進士五十八・山部能宜（2009）「地理学系分野における景観概念の変遷」東京農業大学農学集報 54-1.

第12章　農村問題と農村政策 I
－中山間地域の変化と問題の構造

1．中山間地域とは

日本の農村問題として，ここでは中山間地域問題を取り上げる。これまで日本の農村衰退の問題では，過疎問題や山村問題がよく取り上げられてきたが，1990年代以降は中山間地域問題への言及が多くなった。中山間地域は中程度の山間地域ではなく，山間地域（山村）に，その周辺に広がる中程度の山間地域も加えた地域概念であり，かなり広い空間的範囲をカバーするので，日本の農村問題の核心となるものと言えよう。

中山間地域概念登場の発端は農業政策サイドにあった（岡橋, 2007）。1990年代からのグローバル化の中で，農産物貿易の自由化が推進され，他方市場原理が強化される中で，その影響を最も多く受ける農業面の条件不利地域として浮上してきた。しかし，今日の中山間地域論は農業だけに留まらない広がりを見せている。国土保全や環境保全などの多面的機能，地方都市を含む広域生活圏の双方を考える上で，中山間地域は過疎地域や山村よりも適合する範囲が広く，政策サイドからは，従来の枠を超える新たな農村地域政策として積極的に位置づけられているといえよう。

しかしながら，具体的な地域的範囲となると，過疎地域が過疎法によって明確に定められているのと異なり，かなり幅がある（岡橋，2000）。よく用いられるのは，次の2つである。①農林水産省の農業地域類型区分（表12-1）に基づくもので，4類型のうちの中間農業地域と山

表12-1　農業地域類型区分の基準

農業地域類型	基準指標	旧市区町村数
都市的地域	○可住地に占めるDID面積が5%以上で，人口密度500人以上又は，DID人口2万人以上 ○可住地に占める宅地等率が60%以上で，人口密度500人以上（林野率80%以上のものは除く）	3,549
平地農業地域	○耕地率20%以上かつ林野率50%未満（傾斜20分の1以上の田と8度以上の畑の合計面積が90%以上のものを除く） ○耕地率20%以上かつ林野率50%以上で傾斜20分の1以上の田と傾斜8度以上の畑の合計面積の割合が10%未満	3,129
中間農業地域	○耕地率が20%未満で，「都市的地域」及び「山間農業地域」以外 ○耕地率が20%以上で，「都市的地域」及び「平地農業地域」以外	4,065
山間農業地域	○林野率80%以上かつ耕地率10%未満	2,313

（農林水産省「農林統計に用いる地域区分」ほかにより著者作成）
注：旧市区町村とは，昭和25年2月1日時点（昭和の市町村合併前）の市区町村である．

表 12-2　中山間地域の主要指標（2015 年）

指標	統計（2015 年）	全国	中山間地域	中山間地域の割合
人口	国勢調査	1 億 2,709 万人	1,420 万人	11%
総土地面積	農林業センサス	3,780 万 ha	2,741 万 ha	73%
耕地面積	耕地及び作付面積統計	450 万 ha	184 万 ha	41%
総農家数	農林業センサス	216 万戸	95 万戸	44%
販売農家数	農林業センサス	133 万戸	57 万戸	43%
耕作放棄地面積	農林業センサス	22 万 ha	12 万 ha	55%
農業産出額	生産農業所得統計	8 兆 8,631 億円	3 兆 6,138 億円	41%

（農林水産省ホームページの表に一部追加，改変して著者作成）

間農業地域の 2 つの類型を合わせた地域である。②法的な指定に基づくもので，中山間 3 法（特定農山村法，山村振興法，過疎法）に依拠するものと，条件不利地域関連 5 法（中山間 3 法に半島振興法，離島振興法を加えたもの）に依拠するものがあるが，②は①よりは広い範囲で，食料・農業・農村基本法の「中山間地域等」がこれに該当し，そこでは「山間地及びその周辺の地域その他の地勢等の地理的条件が悪く，農業の生産条件が不利な地域」と規定されている。いずれにせよ，離島も含む日本の条件不利地域をほぼカバーする地域概念といえる。

表 12-2 には，中山間地域の主要指標を示した。人口では国全体のわずか 11% に過ぎないが，土地面積では 73% を占めている。さらに農業に関しては，耕地面積，総農家数，販売農家数，農業産出額のいずれもが約 4 割を占め，農業地域としても重要な地位にある。しかし，耕作放棄地面積では全国の 55% を占めるように，耕境の後退や農業の衰退傾向が目立つ地域でもある。

2．戦後における中山間地域の変化

第二次世界大戦後の中山間地域の変化を振り返ると，まず 1960 ～ 70 年代の，過疎化が始まり深化した時期が重要である。その人口減少が山村では特に急激で，中国地方などで挙家離村が多発したため，過疎化が地域の解体をまねくとする悲観的な見方が広がった。しかしながら，実際にはそのようにならず，人口減少が継続しながらも，中山間地域を含む日本の農村地域で新たな再編成が進んだ。

それが周辺地域化であり，周辺型経済の成立であった。日本経済が高度成長を遂げる中で，農村の工業化や政府の財政支出によって，農林漁業以外の部門での経済成長と雇用の拡大が実現したのであるが，このプロセスについては，第 5 章で説明したので，ここでは省略する。製造業と建設業の地域労働市場の拡大により，中山間地域では限定的ではあるにせよ地域住民の雇用が確保され，所得の増大が実現して，地域社会の一定の維持が可能となったのである。多くの中高年層の定住が可能となり，人口減少も鈍化して中山間地域は新たな存立基盤を得ていった。

このプロセスがなければ，もっと急激に中山間地域の過疎化が進み，より早期に廃村や限界集落化が顕在化していたであろう。しかし，周辺型経済は地域経済の外部依存性と非自律性を伴っていた。この外部依存的な存立構造は，農業などの内発的な動きを抑える方向にも作用した。そのことが，2000年代の平成の大合併で中山間地域の町村がなだれを打って市部との編入合併に走った大きな理由と言えよう。

周辺型経済に依存した存立構造は長く続かなかった。既に見たように，1990年代以降になると，グローバル化が急速に進行して，製造業の海外シフト，農産物輸入の拡大による産地の解体，農業政策の大規模農家や法人重視をもたらし，中山間地域の産業は大きな影響を蒙るようになった。また，製造業の撤退や廃業，農産物産地の衰退といった現象の裏には，高齢化による労働力問題も存在したであろう。それ以上に大きな影響を与えたと考えられるのが，政府の手で急速に進められた新自由主義的な構造改革である。市町村合併，地方交付税減額，公共投資の重点化・効率化，郵政民営化・農協改革は，いずれも中山間地域のそれまでの存立基盤を掘り崩すものであった。その結果として，合併による政治的自律性の喪失，財政面での小規模町村の不利化，公共工事の減少と建設業への打撃，生活サービスの後退などが現れ，中山間地域の存続自体を危うくしていった。まさに，中山間地域の外部依存型の存立構造に大転換を迫るものであった。

3. 中山間地域問題の構造と政策課題

今日，中山間地域には，どのような問題があるのだろうか。筆者は，早くから問題領域を次の4つに分けて示してきた。①中心地域からの遠隔性，②人口の希薄さと小規模社会，③経済的衰退と周辺地域化，④生態系空間の保全問題，である（図12-1)。主に岡橋（2004）に従って説明したい。

1）中心地域からの遠隔性

中山間地域は一般に平地の都市部から遠隔にあり，アクセスに問題を抱えてきたが，特に戦後の過疎化の時期にはその問題が深刻であった。高度経済成長期の初期に中国山地で挙家離村が多出したのも，こうした問題が過疎化をきっかけに一挙に顕在化したことが大きい。その理由としては，全国的に生活の都市化が進むにつれ，都市からの遠近，都市へのアクセスの良否が生活全般を大きく左右するようになったことがある。しかし，その後，公共投資により道路整備が進み，自動車が普及するにともない，この問題は急速に改善されてきた。過疎法の最大の投資先は道路であったことからすると，過疎対策の最大の成果はこの問題領域にあったと評価できよう。今日，山間部の一軒家の生活が成り立つのはこのためであろう。

道路事情がよくなったとはいえ，自動車を利用できない住民にとっては公共交通の意義は大きい。しかし，人口が減少しモータリゼーションが進む中でその維持はますます困難となり，鉄道やバス

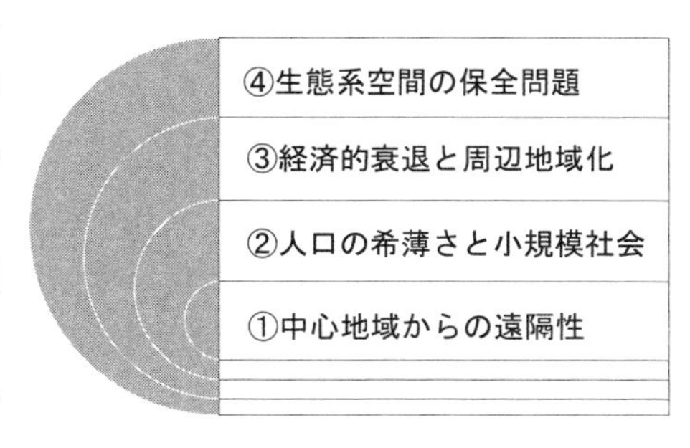

図12-1　中山間問題の構成（著者作成）

路線の廃止，便数の削減，移動コストの上昇がサービスの低下をもたらしている。それゆえ，高齢者や低年齢層，自動車を保有しない世帯に，新たなアクセシビリティの問題が生じているとみることができよう。

遠隔性の克服という点では，距離摩擦の小さい情報化への対応，情報インフラの整備が重要である。最近注目されるテレワークやオンライン学習には必須の基盤といえよう。ただし，情報インフラは需要密度の低い農山村で整備が遅れる傾向にありデジタルデバイドが懸念される。しかしながら，現実には，携帯電話の電波が届かない「不感地域」は携帯電話等エリア整備事業などにより大幅に減少している。2018年3月末現在の携帯電話の人口カバー率は99.99%に達しているが，「不感地域」住民は1万6,000人存在する。この数をどう評価すべきであろうか。

インターネットの高速通信を可能とした通信基盤としてはブロードバンドが急速な普及をみせている。電話回線利用のADSLに代わって，通信速度が速い光回線が一般化してきた。2019年3月末では，光回線の世帯カバー率は98.8%に達したが，100%の神奈川県を除く都道府県ではカバーしていない地域が僅かながら残っている。これらは行政により基盤整備がなされる場合が多いが，人口密度が低い地域は光回線の採算性が悪いことから，単独のサービス事業体で通信基盤を維持するのは負担が大きいことが問題となる（佐竹・荒井，2017)。

2）低人口密度と小規模社会

中山間地域は一般に人口密度が低く，地域社会の規模も小さいが，この問題は，中山間地域の自給的性格が強く，財やサービスの調達を主に世帯内で行っていた時期には顕在化しなかった。しかし，戦後の高度経済成長期に至り，国内の消費財市場が拡大し，中山間地域の自給体制も崩れていくと，財・サービスの購買需要が高まり，それらの供給体制が問題となってきた。その際，そうした供給施設の立地という点では，人口規模の小ささとその分散性という中山間地域の特徴が不利に働く。すなわち，施設立地に必要な閾（しきい）人口を充たすことが困難となるからである。特に過疎化による人口減少，モータリゼーションはそれを加速した。その典型例は小売業にみられ，地方都市の大規模小売店の整備が進むにともない購買力の流出が進み，域内の小売り機能の衰退を招いた。さらに，1980年代以降，教育，文化，医療，福祉等の公共サービスが全国的に拡充されると，サービス供給における地域格差が問題となってきた。

他方，外部からのサービスの享受だけでなく，生活の拠点である集落にも問題が生じている。もともと小規模な集落が多かったが，これまでの長期間の人口・世帯数の減少により，集落規模が縮小し，極端な高齢化集落が生み出された。このような危機に瀕した集落を限界集落と名付けて問題提起したのが大野（2005）である。西南日本の，特に過疎化の深刻な四国の山村の実態をふまえて提示されたものであった。厳密には限界集落を「65歳以上の高齢者が集落人口の50%を超え，独居老人世帯が増加し，このため集落の共同活動の機能が低下し，社会的共同生活の維持が困難な状態にある集落」と定義した。しかし，限界集落だけではなく活力のある存続集落もあり，集落ごとの実態を踏まえ，中山間地域内に一定のサービス機能の集積を持った拠点集落を育てることも必要であろう。

生活関連サービス問題が近年浮上したのは，図 12-1 の①と②の問題の双方に関わる。①は，道路整備と自動車の普及にともない急速に改善されたが，一方で公共交通が弱体化し，自家用車が利用できない高齢者が増加したため新たなアクセシビリティの問題が生じた。また，②に関しては，従来からの低人口密度に加えて，さらなる人口減少にともない需要密度が低下し，そのうえモータリゼーションにより購買需要が流出したため，最寄りの小売業が崩壊したことが重要である。フードデザート問題がその典型であるが，本章第 5 節で述べたい。

3）経済的衰退と周辺地域化

この点は程度の差はあれ，過疎問題の議論の中でもっとも重視されてきた領域である。過疎化の初期には木炭生産などの伝統的産業部門の崩壊が激しかったため，伝統的な在来産業である農林業の衰退現象が特に注目された。しかし，既に述べたように，1970 年代以降，中山間地域の経済は工業の分散による工場進出，公共投資の拡大にともなう建設業の成長によって再編され，特に非農林業の地域労働市場の拡大は中高年層の雇用を支える役割を果たした。しかし，その結果，地域の自律性の弱い地域経済が形成された。1990 年代に入ると，高度経済成長期に形成された周辺型の経済が多くの問題を抱えるようになる。工業や建設業だけでなく，農林業も円高とグローバル化の中で輸入が急増し，価格低落による影響を強く受けている。

中山間地域の農業は農家数や経営耕地面積で全体の 4 割程度を占め，日本農業に少なからぬ地位を占めているが，耕作放棄の増大など農業の衰退傾向が鮮明になりつつある。作目別では，工芸作物や果樹，乳用牛，肉用牛，ブロイラーなどのウェイトが大きいが，これは，中山間地

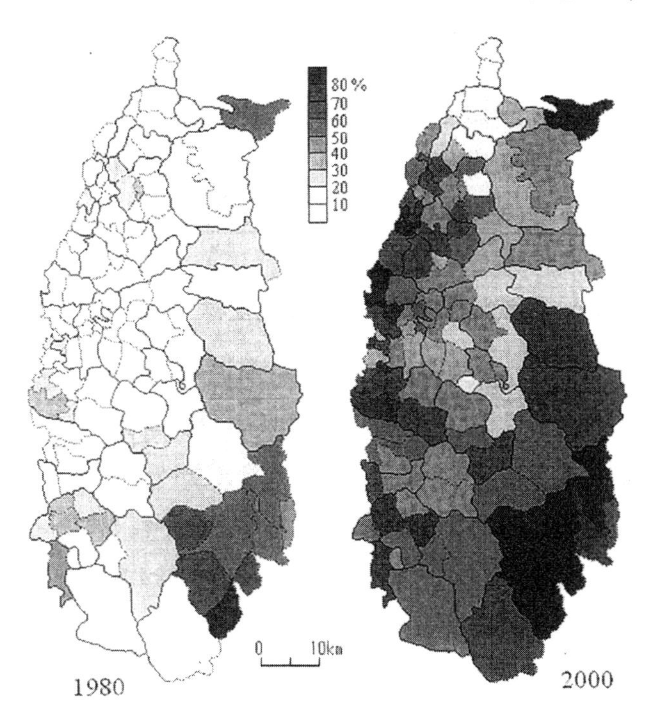

図 12-2　阿武隈中山間地域における稲作単一経営農家率
（高野岳彦（2006）「養蚕・工芸作物の衰退と阿武隈中山間地域農業の地域性変容」季刊地理学 58-3）

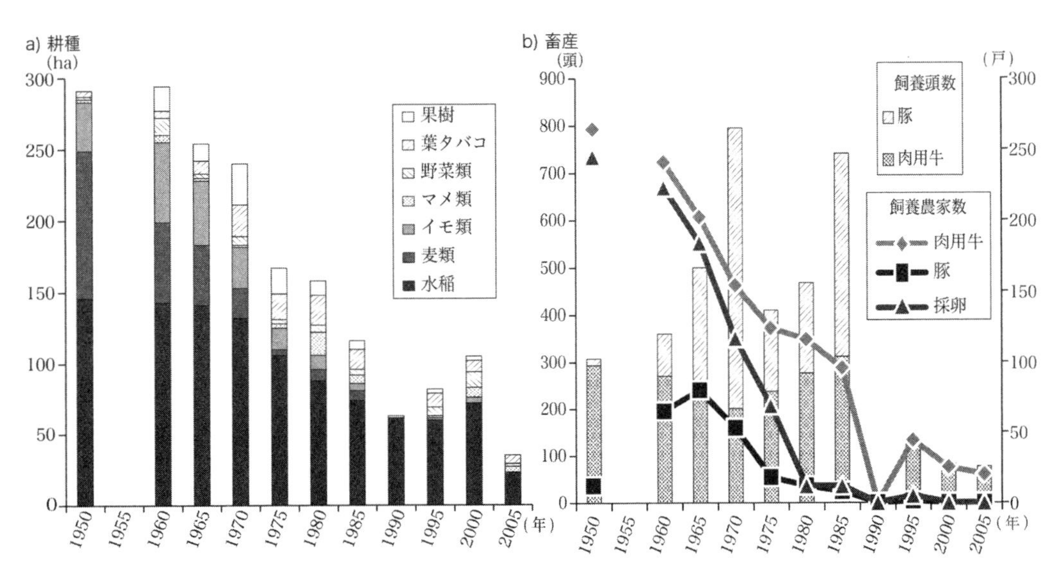

図 12-3　天草市宮地岳町における主要作物収穫面積および家畜飼養農家数・頭数の推移（1950 ― 2005 年）
（吉田国光（2011）「中山間地域における農地利用の維持基盤－熊本県天草市宮地岳町を事例に－」地理空間 4-2）
資料：農林業センサス
注 1）：1995 年以降は販売農家のみ.
注 2）：1955 年全項目，1990 年は水稲と果樹以外のデータは欠損

域の特性である傾斜地での栽培や飼育が可能な，あるいは比較優位性のある部門が多いとも言える。しかしながら，複合経営により商品作物を展開させてきたものの，近年は稲単作化が進行しているとの報告がみられる。高野（2006）は阿武隈山地で，1980 年から 2000 年の間に稲作単一経営農家率が著しく上昇したことを示した（図 12-2）。吉田（2011）も熊本県天草市で，葉タバコ，野菜，肉用牛などの複合部門が衰退し（図 12-3），稲作のみを継続し，それも集落営農により維持されていることを明らかにしている。このように中山間地域では複合経営による小規模産地が淘汰される一方，梅やみかんなど専作的な産地が存続するという，二極分解が生じていることを示唆する。

この周辺的性格の強い経済をどのように克服するかは大きな課題であるといえるが，その際ポスト工業化時代の知識経済への移行をふまえて今後のあり方を模索する必要がある。後述するように，産業融合的な経済複合化や国土利用との関係で農林業の役割が重要となってくる。

4）生態系空間の保全問題

中山間地域は本来山地の比率が高い地域であるから，自然生態系との関係がきわめて強い空間であった。自然経済の段階ではまさにこうした生態系に依拠してさまざまな生業が営まれ，また独自の地域文化を形作っていた。しかし，このような生態系空間の意義が注目されるようになったのは 1990 年代以降であり，既に述べた 3 つの問題領域と比べても比較的新しい。その背景としては，地球環境問題への関心の高まりとともに，農林業の公益的・多面的機能，景観のような地域資源が評価されるようになってきたことがあげられる。このような問題領域が登場してきたのは，商品経済では経済活動が自然生態系と分離したり，破壊あるいは荒廃を

生じさせたりして，相互の調和的関係が崩れてきたためである。経済のメカニズムが，耕作放棄や農地の荒廃，人工林の放置（写真12-1）など，自然生態系として問題のある状況を生みだしている。これは現代の市場経済が農地や森林の公益的機能を評価しえないためであり，それゆえ「市場の失敗」が問題となる。政策的には自然環境や文化景観を保全するために，直接所得保障などの市場外の措置が必要となる。

写真12-1　手入れ不足の人工林（奈良県北西部の農村）

4．集落の変容とコミュニティ

本書ではこれまで農村集落について折々に触れてきた。例えば，散村集落，村落地理学における基礎地域，集落営農，農村の環境整備の主体としてのムラなどである。農村社会は地縁や血縁による濃密な社会関係を有し，農業生産や日常生活での相互扶助を特徴とするが，今日でも日本農村では集落の役割は大きいといえよう（坪井ほか，2009）。しかし，中山間地域では集落の小規模化と集落内社会関係の弱体化が指摘されている。それが極度に進んだ状況が，先述した限界集落である。

過疎地域の集落を対象とした図12-4を見てみよう。集落規模の分布は，50 － 99人の階層をピークに，両側になだらかに減じる正規分布の形状を示す。100人以上の集落では65歳以上人口の割合が50%を超える集落は少ないが，これより小規模になるにつれて，50%以上の集落の割合が増えている。49人未満の小規模集落は全集落の30%強あり，9人未満の極端に小さな集落でも約5%を占めるが，この最小規模の階層では高齢者（65歳以上人口）の割合の高い集落が大半であり，存続が危惧される状況となっている。

このような高齢化集落の実態を見てみよう。岩手県の北上山地の事例では，他出後継者世代のうち農地所有規模の大きい層が帰郷の見込みがありしばらくは集落が存続するが，それも生まれ育った記憶を有する彼らの世代だけで終わる可能性が高いこと，それゆえ，家族での継承を考える属人視点ではなく，「隠居地」としてのIターンによる属地視点からの集落継承を訴えている（古河・高野，2014）。浜松市佐久間町でも集落人口の高齢化が進んでいる。

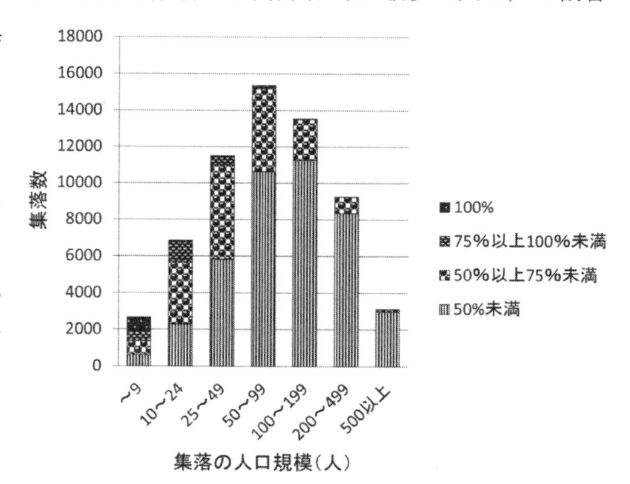

図12-4　過疎地域の集落規模別に見た65歳以上人口割合別の集落数（総務省（2020）「過疎地域等における集落の状況に関する現況把握調査報告書」により著者作成）
注：無回答の578集落は除外されている.

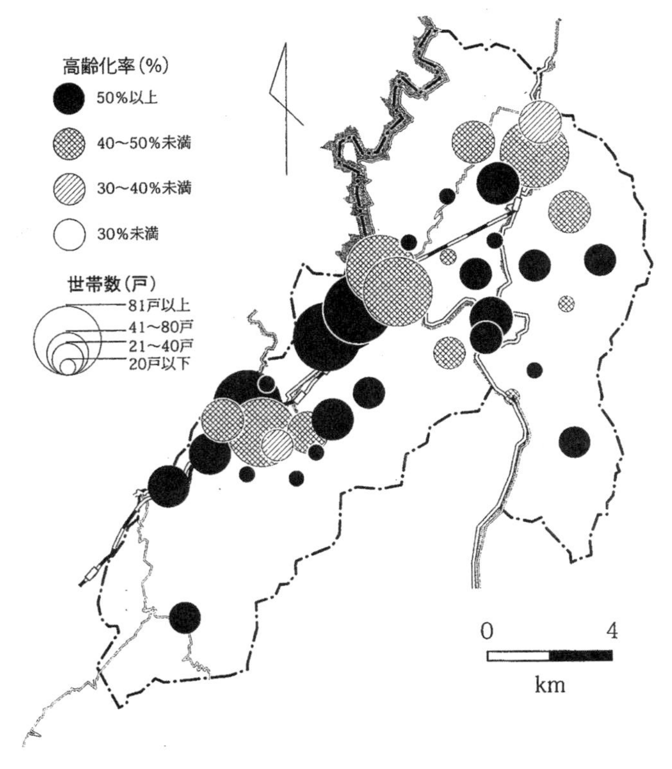

図 12-5　浜松市佐久間における集落の高齢化率と構成世帯数
（中條暁仁（2015）「過疎山村における高齢者を支える「つながり」の維持と創出－浜松市佐久間町を事例としてー」静岡大学教育学部研究報告（人文・社会・自然科学篇）65）
資料：浜松市住民基本台帳

図 12-5 からは，高齢化率が 50% を超える集落が中心性の低い縁辺集落だけでなく，幹線道路沿いの集落規模が大きい中心集落にまで及んでいること，縁辺に位置する小規模集落でも，住民が高齢化しながらも生活を維持していることが見出される。中條（2015）は，こうした状況下で，集落の社会関係の希薄化により高齢者のサポートネットワークも空洞化し，それを補うように集落を超える活動範囲を持つ社会福祉協議会や住民組織による住民参加の地域福祉活動が展開しているという。

集落が小規模化し，機能を弱体化させる状況を克服するには，集落の上位にある地域運営組織が主体となって活動を展開させる方法もある。総務省によれば，地域運営組織とは「地域の生活や暮らしを守るため，地域で暮らす人々が中心となって形成され，地域内の様々な関係主体が参加する協議組織が定めた地域経営の指針に基づき，地域課題の解決に向けた取り組みを持続的に実践する組織」とされている。島根県邑南（おおなん）町は，215 の集落自治組織→ 39 の自治会→ 12 の公民館区（地区）→地域（旧町村）→町という重層的な地域構成を取っているが，この 12 の地区が「邑南町版総合戦略」の実施に当たり「地区別戦略」を構築し，地区単位の主体的な活動を推進して一定の成果を上げてきた（作野，2020）。人口の量的維持には成功していないが，地域に自信と誇りを持つようになったという。「人口が減っても地域が維持できる仕組みづくり」としての役割が期待されている。

5．生活関連サービス問題－フードデザートを事例として

生活関連サービスの問題に関して，大きな研究の進展をみたのがフードデザート（Food Deserts）問題である。この問題は，既に買い物弱者対策として政策課題となり，政府による対策が実施されつつある。中山間地域に留まらず，郊外地域や都心部でも生じる問題だけに，対策は急速な広がりをみせた。中央政府では経済産業省，農林水産省，厚生労働省，国土交通省など多くの省庁が取り組み，都道府県レベルでも独自の取り組みを行うところが多い。

これらの政策サイドにおける買い物弱者とは，「人口減少や少子高齢化等を背景とした流通機能や交通網の弱体化等の多様な理由により，日常の買物機会が十分に提供されない状況に置かれている人々」（経済産業省ホームページ）としているが，岩間編（2011）では，フードデザート問題を，供給側の①社会・経済環境の急速な変化の中で生じた「食料品供給体制の崩壊」と，需要側の②「社会的弱者の集住」という 2 つの要素が重なった時に発生するとしている。この 2 つについては，ともに空間的要因が介在しており，中山間地域のような低人口密度地域ほどその影響は大きくなると考えられる。この定義および見方は，食料品だけでなく，他の生活関連サービスの多くの事象にも適合するであろう。

このように中山間地域については，都市地域とは異なる配慮を要する。先述のように需要密度が低いうえに，住居も分散しているため，買い物弱者解消のための利益追求的なビジネスモデルの確立が難しい。それゆえ，フードデザート問題の解消に当たっても，買い物だけに限定せず，交通，地域社会，農業などの諸問題と関連づけて捉える幅広い視点が必要である。

例えば，交通との関連では，図 12-6 のように，複合商業施設が買い物客に無料乗車券を提供するなどして，アクセス改善のためのデマンドバスの運行を支援する取り組みが見られる（田中, 2011）。また地域社会と関わるのは，五島列島福江島の例（林田, 2018）である。ここでは，集落の唯一の店舗が閉鎖され食料品調達が危機に陥ったが，店舗がない時期には一時的に住民

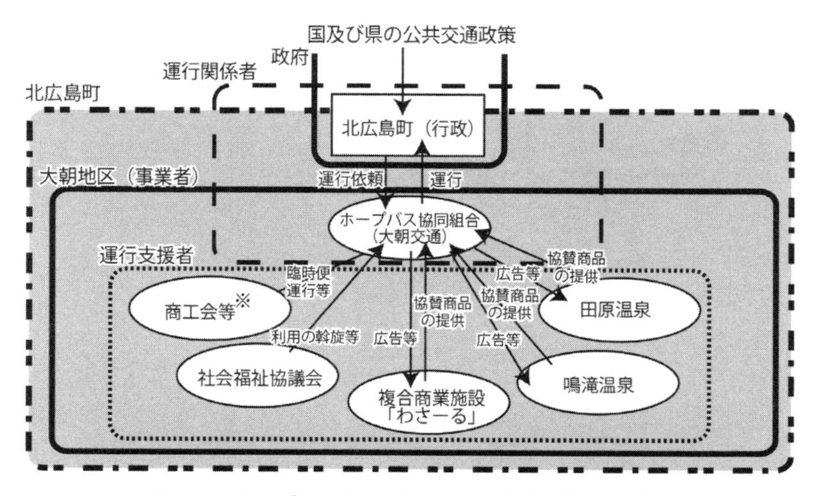

図 12-6　ホープタクシー大朝における運営関係者の構図
（田中健作（2011）「広島県北広島町のデマンド型交通における交通サービスの供給方式と運営関係者の組織化過程－ホープタクシー大朝を中心に－」季刊地理学 63-2）
商工会イベント等の臨時便運行は大朝交通の収入となる.

表 12-3　買い物の交通手段

性別	年齢階層	徒歩	電動カート	自転車	バイク（原付含む）	自家用車	タクシー	バス	親戚または近隣住民による送迎	回答なし	総計
男	50 歳代					5					5
	60 歳代				1	19					20
	70 歳代					17					17
	80 歳以上	1				17				1	19
	小計				1	58				1	61
女	50 歳代			1		2					3
	60 歳代			1		6			1		8
	70 歳代	1	1	1	1	10		1			15
	80 歳以上	4	1		2	3	1			2	13
	小計	5	2	3	3	21	1	1	1	2	39
総計		6	2	3	4	79	1	1	1	3	100

（岡橋秀典・陳林・中下翔太（2015）「中山間地域における高齢者の生活環境問題－東広島市豊栄町を事例として－」広島大学大学院文学研究科論集 75）
注：設問「ふだんよく行くお店には，どのような交通手段を使っていますか．（おもなもの 1 つに○）
資料：2015 年 1 月実施のアンケート調査結果

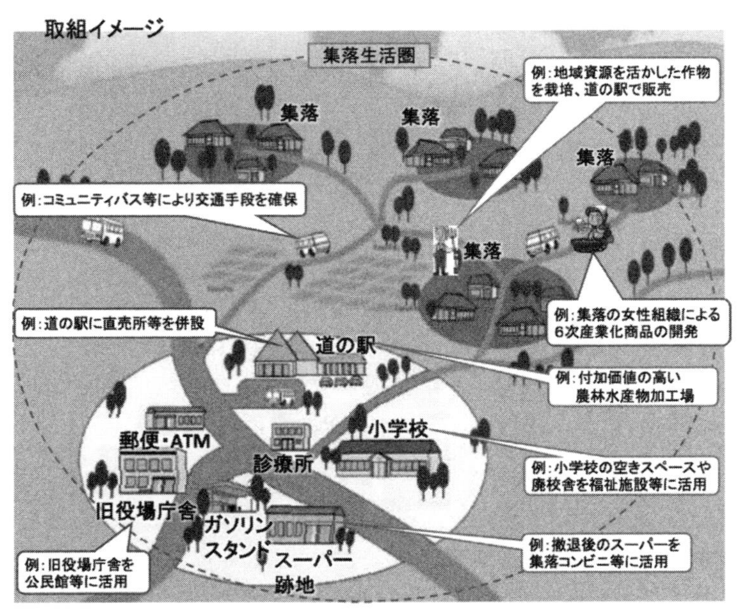

図 12-7　小さな拠点づくりのイメージ図（国土交通省ホームページ）

間で相互扶助がなされ，さらにチェーンスーパーの新規出店を求めて地域で署名活動も行われた。その結果，新たな食料品店の出店により買い物環境の改善がなされた。地域社会が問題解決に向けて機能したことがわかる。農業との関係では，全国的に増えてきた農産物直売所が重要である。農産物以外の品揃えもされていることが多く，域内の食料品供給に貢献している。

筆者が調査した広島県の中山間地域の事例では（岡橋ほか，2015），買い物環境は比較的良好であるとの回答が多かったが，その最大の要因は，林田（2018）と同様，地元のチェーン店が中心集落に唯一のスーパーを出店し，存続してきたことが大きい。アンケート調査の回答者の約 8 割が食料品の入手先に町内の商業施設を挙げていた。しかも，道路条件が比較的良いので，高齢者も自家用車で頻繁に買い物に出かけていた。表 12-3 のように，買い物の際の交通手段は，自家用車の利用が多く，男性では 80 歳以上でもほとんど全員が利用し，しかも，買い物に出かける頻度も週 2 回以上が大半である。このような状況からすれば，この問題は食料品等商品と消費者の間の地理的・空間的ギャップを埋めるだけでは済まない側面をかかえている。磯野（2015）によれば，買い物行動とは，生活に必要なものを買い揃えるといった功利的動機はもちろんのことであるが，買い物自体を楽しみたいといったような快楽的動機も併せ持っている。それゆえ，中山間地域住民にとっての買い物の意義とは，1. 適度な運動，2. 物的資源獲得の手段，3. 社会的つながりの機会，4. 遊びであり，これらは日常生活における主観的健康感に結びつくとしている。

この意味では，なるべく商品を直接購入できる施設の整備が重要であると考えられる。今後は，図 12-7 の「小さな拠点づくり」（国土交通省の事業）のように集落の中心機能の整備が課題となるといえよう。

［引用文献］

磯野　誠（2015）「中山間集落住民にとっての買い物の意義－買い物行動の快楽的側面を含めた検討－」鳥取環境大学紀要 13.
岩間信之編著（2011）『フードデザート問題－無縁社会が生む「食の砂漠」』農林統計協会.
大野　晃（2005）『山村環境社会学序説－現代山村の限界集落化と流域共同管理』農山漁村文化協会.
岡橋秀典（2000）「中山間地域研究と農村地理学－地域学的アプローチからの一考察」広島大学文学部紀要 60.
岡橋秀典（2004）「過疎山村の変貌」（中俣　均編『国土空間と地域社会』朝倉書店）.
岡橋秀典（2007）「グローバル化時代における中山間地域農業の特性と振興への課題」経済地理学年報 53-1.
岡橋秀典・陳林・中下翔太（2015）「中山間地域における高齢者の生活環境問題－東広島市豊栄町を事例として－」広島大学大学院文学研究科論集 75.
作野広和（2020）「人口減少に歯止めをかけられるか？－島根県邑南町における「地区別戦略」の成果と課題」地理 65-6.
佐竹泰和・荒井良雄（2017）「北海道東川町におけるブロードバンド整備事業の展開」季刊地理学 68-4.
総務省（2011）『過疎地域等における集落の状況に関する現状把握調査結果』総務省地域力創造グループ過疎対策室.
高野岳彦（2006）「養蚕・工芸作物の衰退と阿武隈中山間地域農業の地域性変容」季刊地理学 58-3.
田中健作（2011）「広島県北広島町のデマンド型交通における交通サービスの供給方式と運営関係者の組織化過程－ホープタクシー大朝を中心に－」季刊地理学 63-2.
坪井伸広・大内雅利・小田切徳美編著（2009）『現代のむら－むら論と日本社会の展望』農山漁村文化協会
中條曉仁（2015）「過疎山村における高齢者を支える「つながり」の維持と創出－浜松市佐久間町を事例として－」静岡大学教育学部研究報告（人文・社会・自然科学篇）65.
林田太一（2018）「過疎地域におけるフードデザート問題－長崎県五島市岐宿町岐宿を事例に－」浦上地理 5.
古河亮介・高野岳彦（2014）「岩手県住田町における就業機会の縮小と高齢化集落の存続条件－世帯維持の属人視点と属地視点－」地域構想学研究教育報告 5.
吉田国光（2011）「中山間地域における農地利用の維持基盤－熊本県天草市宮地岳町を事例に－」地理空間 4-2.

第13章　農村問題と農村政策 II
－持続可能な中山間地域に向けて

1．農村経済の複合化と地域づくり

中山間地域問題の第三領域である「経済的衰退と周辺地域化」を克服するための地域振興は，どのような形をとるであろうか。周辺型経済を脱却していくことが課題となるが，1つの方策として，農村経済の複合化の重要性が指摘されている（岡橋，2004；岡橋，2007)。ここでは，この点に焦点を当てる。

農村経済の複合化は幾人かの研究者が論じている（岡橋，2007)。斎藤（1999）の地域内発型アグリビジネスは関係する範囲が限定されている。生産－加工－販売のフードチェーンを統合化によって内部化し，流通合理化と高付加価値化を達成するものである。その上で，消費者との交流や組織化のためにアメニティ空間の形成にまで踏み込む。長谷山（1998）の農村マーケット化はより広い範囲を対象としている。農業生産，農産物の加工・販売に加え，文化や交流，コミュニケーション，景観や自然の活用，環境・教育・休養も組み入れた幅広い活動を提唱する。大江（2003）の農村市場は，都市農村交流事業や観光的活動をツーリズム活動と捉え，それを通じた農村経済多角化を対象とする。農村ツーリズム財の特性が経済学的に分析されている点が重要である。

第9章で取り上げた大分県日田市大山町の路線は，このような方向性を追求してきた好例と言える。その発展の過程を農村経済複合化の観点から整理すると，図13-1のようになる。ウ

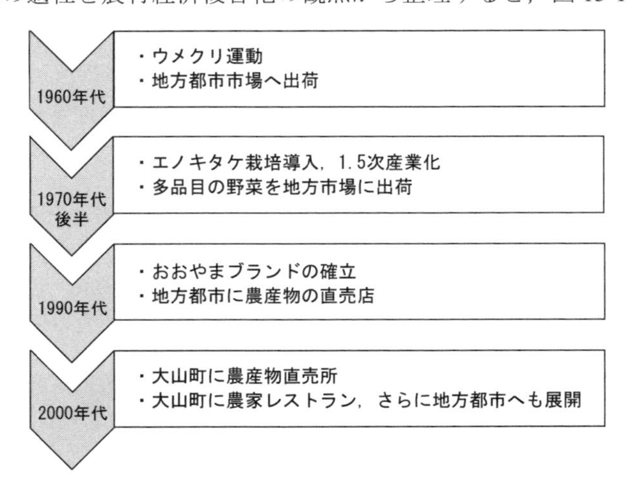

図13-1　大山町における農村経済複合化（著者作成）

メとクリの栽培を核に当初は地方都市市場に出荷していたが，次には基幹作目エノキタケを導入し，農産物加工にも乗り出し（1.5 次産業），さらに都市との交流を前提に都市市場での直接販売に乗り出した。このプロセスは地域内発型アグリビジネスの内部化の利益を手中にしてきたと言えよう。次には，農産物直売所の開設により農村での直接販売に乗り出す。これは地元住民も対象となるが主に都市の消費者を農村に引き込むものであり，農村市場化といえる。その第 2 弾は農家レストランの開設である。これは地元食材による農家料理という点で，生活文化の発信にもつながっている。しかも，地方都市にも出店している。さらに大山町行政は観光領域にも事業を展開し，産業融合的な経済の複合化を推進した。もちろん，実際のプロセスでは幾多の危機に遭遇している。それにもかかわらず，むらおこしを持続してきた大山町のレジリエンス（地域の対応力，復元力）こそ注目に値する。

このような大山町の地域振興の変化の裏に，ポスト工業化社会＝知識社会の産業の在り方を読み取ることができる。ポスト工業化社会のサービス活動では，生産・流通・消費が空間的に一体化するとする大内（1999）を参考にすれば，次のような産業のあり方を展望できる。生産を切り離して，そこから消費者の生活空間にアプローチする従来の方式はなじまなくなり，消費者の生活空間に密着し，生活者のニーズや欲求をキャッチして，それに流通や生産を融合させる形で地域空間の利用が行われるようになる。これを中山間地域に適用すると，農産物を生産して都市市場に出荷するというこれまでの形だけではなく，農村の生産者が都市の消費者と交流したり，都市の消費者を逆に農村に呼び込んだりして，都市の消費者のニーズや欲求に応える質の高いサービスが中山間地域に求められることになる。具体的には，農産物直売所，道の駅，農家レストランなどであるが，いずれも女性の参画が求められる領域であり，物販のみならず生活文化の発信が重要となる。他方，消費者サイドでも環境や文化，ローカルフードを求める動きがあり，それに応えるためには，農林業，地域文化，自然環境，ツーリズムを融合させたサービス産業，換言すれば地域に根ざした総合生活文化産業を展開することが必須となる。これは「都市農村交流型経済複合化」を促進するであろう。

このような農村経済の複合化に関わる施策として 6 次産業化がある。その原点は，今村奈良臣氏が，開設間もない大山町の直売所，木の花ガルテンを訪ねた時に始まる（今村，2012）。2000 年代に入って，今村氏の提唱により農業の 6 次産業化が全国各所で展開し，特に農産物直売所は地域内の経済循環をもたらす有力な装置となっている。

六次産業化は 1 次産業の振興や地域活性化を図る施策として中央政府にも導入された。農林水産省ホームページでは，「農林漁業の 6 次産業化とは，1 次産業としての農林漁業と，2 次産業としての製造業，3 次産業としての小売業等の事業との総合的かつ一体的な推進を図り，農山漁村の豊かな地域資源を活用した新たな付加価値を生み出す取組」とされ，農山漁村の所得の向上や雇用の確保を目指すとしている。2008 年に農商工等連携促進法（略称）が制定され，2010 年には六次産業化・地産地消法（略称）が成立し認定事業が実施され，総合化認定事業計画は全国で 2,565 件（2020 年 7 月現在）に達している。しかしながら，農商工連携は産業融合的な一体化に力点が置かれる一方，1 次産業あるいは農村の側の主体性は必須ではない，結果的に外部の企業が主導し地域の側が原材料を提供するだけになれば，農村経済の複合化につ

写真 13-1　多様な乳製品や食事，動物との触れ合う機会などを提供している酪農家
（東広島市福富町上の原牧場）（著者撮影）

写真 13-2　指定管理者制度で運営されている愛媛県の「内子フレッシュパークからり」（著者撮影）

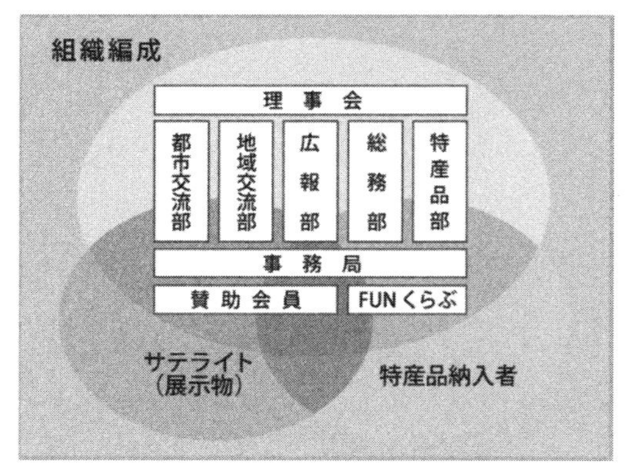

図 13-2　NPO 法人「北はりま田園空間博物館」の組織構成（北はりま田園空間博物館のホームページ）

ながらないケースも生じうる。

農村経済の複合化，特に農村ツーリズム財については需要面の検討も重要である。今後，この種の産業の大きな市場を形成するのは都市部の高齢層と考えられるが，今日の高齢者の多くは自家用自動車に依存した日常生活を送っている。それゆえ，余暇活動や消費行動もこのような移動手段に強く規定される傾向がある。この年齢層は，運転で疲れない程度に近く，日帰りができる場所で，短い滞在を志向することになる。それは費用的にも安価であろう。このように都市から比較的短時間で到達できる農村では，日帰りツーリズムへの需要があると考えて良い。そこで求められるものは，美しい自然環境や田園景観，新鮮で安全な農産物，スローフード等のオリジナルな食事の提供，健康と癒しの機会，クラフト（工芸）などであり，そしてそれらが複合した消費のストーリー性であるように思われる（写真 13-1）。

このような産業については，担い手に関する議論も重要である。広域合併の中で従来の行政や農協主導の対応は限界に来ている。また，集落ぐるみも高齢化や集落規模の縮小により対応が難しくなっている。行政によって設けられた道の駅や直売所などの施設は今日指定管理者制度をとるものが多くなっており，その点で NPO や地域運営組織・地域自治組織といった新たな主体による地域振興が意義をもつケースが増えてくると考えられる（写真 13-2）。多様な主体によるガバナンス（協治）が求められているといえよう。

この点で参考となるのは，兵庫県西脇市の NPO 法人「北はりま田園空間博物館」の活動である。道の駅「北はりまエコミュージアム」で物販を行い，同時に，図 13-2 のように，地域交流，都市交流，広報にも力を入れている。地域まるごと博物館のコンセプトの下，200 カ所余りの地域資源をサテライトの形で発信し，都市住民に地域を開いて交流している。総合生活文化産業的な広がりを有している事例と言えよう。

このような複合化は，福祉，医療，交通，小売商業などの共同消費領域の産業をも包摂していくことが課題となろう。これらは中山間地域で多くの問題を抱える部門であるが，生活文化産業と関連づけることで解決の方策が見出される可能性がある。

2. 森林・林業と地域の持続可能性

中山間地域問題の第四領域である「生態系空間の保全問題」について考えてみよう。農地については，既に第 10 章で述べたので，ここでは中山間地域で特に大きな面積を占める森林に焦点をあてたい。森林の利用と保全は，SDGs（持続可能な開発目標），低炭素社会，防災，景観など，グローバル化時代の中山間地域の持続可能性に関わる重要な政策課題であろう。

藤田（1984）は日本の森林木材資源問題の体系的な考察の中で，外材卓越下の国内林業の地域編成を展望した。市場から遠隔で，経済原理では成立し難い外縁部の拡大造林地域について，既存の林業地域に追いつくメカニズムがないため，その存立基盤を主張するには，これまで行われなかった生産性の向上，徹底した合理化の道しか残されていないとした。この点は，今日にも通用する重要な指摘である。さらに，藤田（1986）は，新興育林地域が過疎化の進行に伴い社会的空白地域となる可能性も指摘し（図 13-3），天然林への誘導が生態系の安定化につながることを示唆している。現在，日本の森林蓄積は，輸入材への依存により歴史上もっとも高いレベルに達している。しかしながら，戦後造林され伐期に達した人工林の多くは木材生産に供されず，また手入れ不足のままの人工林も大量に存在している。森林，林業のあり方が，自然生態系の不安定化をもたらしているといえよう。環境林であれ，生産林であれ，持続可能な森林管理のためには長伐期の「構造の豊かな森林」を目指すことが必要とされる（藤森，2016）。

日本の林業問題を考えるには，まずは図 13-4 で木材需給の推移を見ておくことが有用である。木材自給率の推移をみると，1960 年頃まで木材自給率が 100% 近い時代があったが，1960 年ごろから外材の輸入が始まると，自給率は急速に低下し，2000 年前後には 20% を切り最低水準となった。その後自給率はやや回復し，最近では 35% まで回復している。確かに，国産材の供給は木材自給率のカーブに沿って減少しているが，重要なのは木材供給量の総量が 1960 年代から大きく伸び 1990 年頃まで高いレベルにあったことである。この木材供給に寄与したのが輸入材（外材）であった。最初は圧倒的に丸太での輸入が多かったが，その後製品輸入にシフトし，2000 年代にはほとんどが木材製品の輸入となった。外材の丸太を製材する必要がなくなったため，国内の製材所は大きな打撃を受けた。1990 年代半ばからは木材供給量自体が減っており，それに合わせて輸入量も減っている。他方，国内材の生産がやや回復し，木材自給率も上向きになっている。

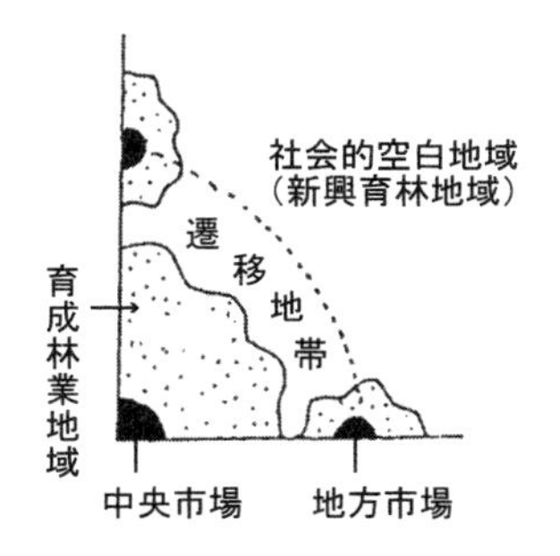

図 13-3　育成林業地域と社会的空白地域の位置関係図
（藤田佳久（1986）「森林，林業と「社会的空白地域」」地理科学 43-3）

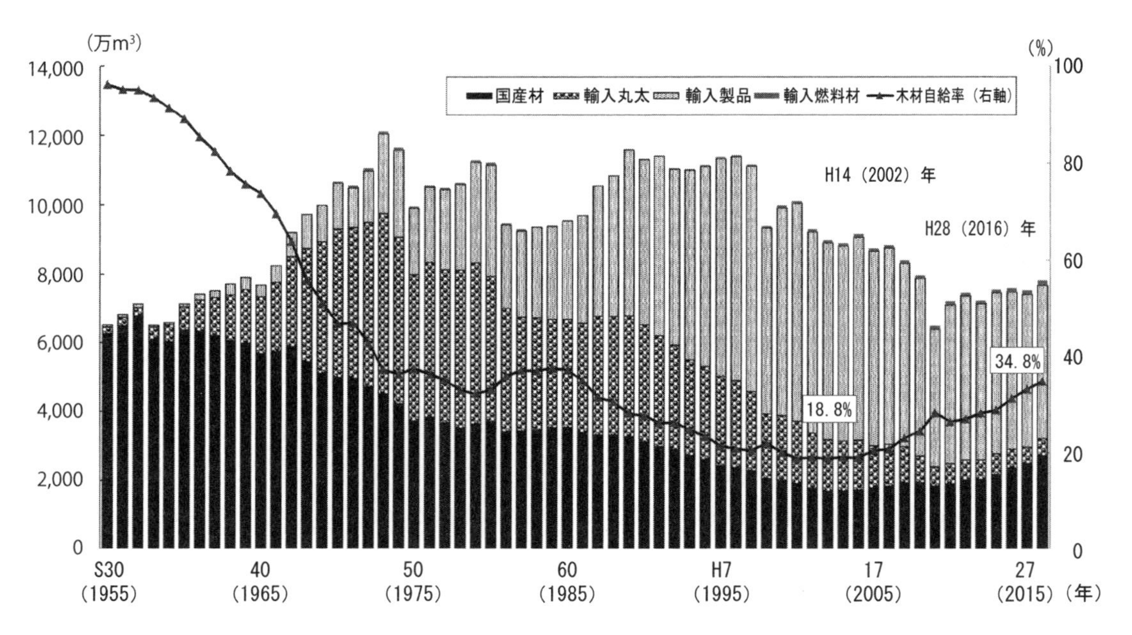

図 13-4　木材供給量と木材自給率の推移（林野庁資料により著者作成）
注：国産材には，用材のほか，しいたけ原木，燃料材を含む．

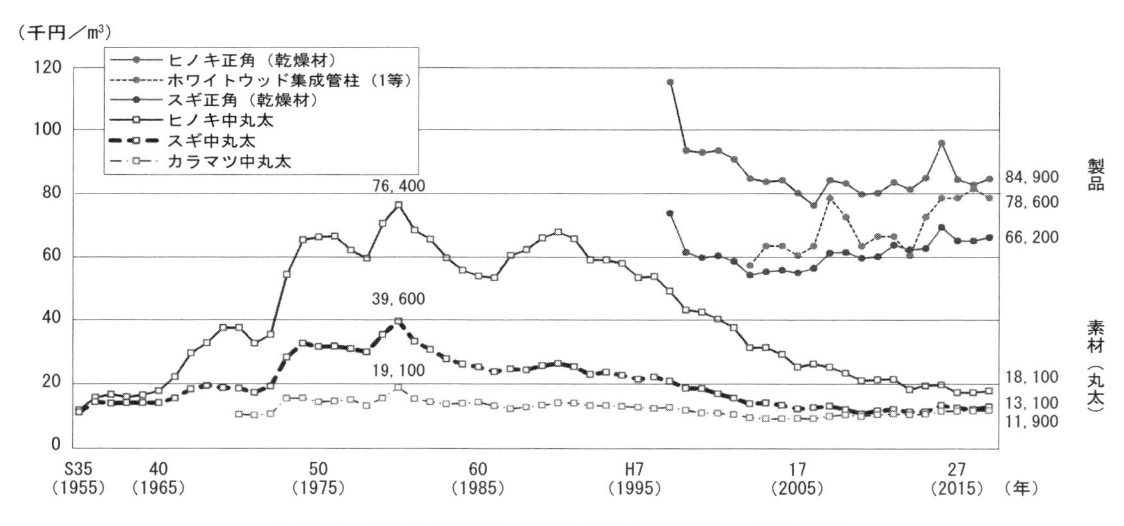

図 13-5　日本の木材価格の推移（林野庁資料により著者作成）

注 1：スギ中丸太（径 14 ～ 22cm，長さ 3.65 ～ 4.0m），ヒノキ中丸太（径 14 ～ 22cm，長さ 3.65 ～ 4.0m），カラマツ中丸太（径 14 ～ 28cm，長さ 3.65 ～ 4.0m）のそれぞれ $1m^3$ 当たりの価格．

2：「スギ正角（乾燥材）」（厚さ・幅 10.5cm, 長さ 3.0m），「ヒノキ正角（乾燥材）」（厚さ・幅 10.5cm, 長さ 3.0m），「ホワイトウッド集成管柱（1 等）」（厚さ・幅 10.5cm, 長さ 3.0m）はそれぞれ $1m^3$ 当たりの価格．「ホワイトウッド集成管柱（1 等）」は，1 本を $0.033075m^3$ に換算して算出した．

3：平成 25（2013）年の調査対象等の見直しにより，平成 25（2013）年の「スギ正角（乾燥材）」，「スギ中丸太」のデータは，平成 24（2012）年までのデータと必ずしも連続していない．

資料：農林水産省「木材需給報告書」，「木材価格」

次に日本の林業の不況と強くかかわる木材価格の推移を見ておこう（図 13-5）。外材が輸入されたにもかかわらず，国産材価格は上昇し続け，1990 年頃まで高い水準にあった。スギの価格も上がったが，ヒノキはさらに高かった。それは，当時は和室の木材需要が高く，特に役物といわれる部分にはヒノキが重用された。ところが，和室需要が減ったこともあり，2000 年代に入って下がり続け，最近は樹種による差さえあまりなくなった。こうした中でカラマツの市場価格は基本的にあまり変わっていない。

上記の分析をふまえて，第二次世界大戦後の動きを説明する。日本では戦後復興のために木材需要が拡大し，需給がひっ迫して木材価格も高騰した。このため，奥山の天然林も含めて伐採が進められた。このような乱伐により荒廃した山林を復興するため,造林が盛んに行われた。また薪炭生産の崩壊により，薪炭林への拡大造林も進んだ。しかし，これらの人工林はスギやヒノキといったごく少数の樹種に限られたものであった。

高度経済成長期に住宅向け木材需要が急増すると，海外からの木材の輸入が自由化され，安価な外材の利用が拡大した。それでも 1980 年頃までは国産材は和室の需要に支えられ高い価格を維持していた。しかし，1990 年代頃からは木材価格は下落し続けた。国産材は価格の低迷により採算がとれなくなったため，国内の伐採面積は急速に減少した。また，木材価格の低迷，労働力流出により人工林は十分な手入れがなされずに放置されるようになった。

なぜこれほどまでに木材価格は下落したのだろうか。それは，価格の主導権が山元の川上から川下へ移ったことが大きい。乾燥材やプレカットの普及により，これへの対応の遅れた国産材よりも外材が一層有利になった。それゆえ，価格も国内材から外材主導へと変わった。さらに国産材需要の中心であった住宅の和室用の材木は，高級材の需要が減り，並物が中心となった。補助金による間伐が木材価格の下落に拍車をかけているとの見解もある。

こうした中で，有力な新興林業地帯では伐期を迎えたスギ等の製材が増加し，工場の大規模化が進んでいる（番匠谷，2009）。藤田（1984）の指摘した生産性向上と合理化の道とみることができよう。代表的なスギ林業地域・宮崎県では，川下の製材業界に大きな変化が生じている，図 13-6 は都城市の製材業の事例である。原木調達から製材を経て出荷に至る木材生産の一貫システムが形成されている。また製材工場では，乾燥材やプレカットの工程が導入され新たな需要に見合った生産が行われていることがわかる。

国内林業の不振を打開するため，政府は高性能機械の導入や作業道の敷設などにより木材生産の効率化を図る政策を進めつつある。また，若者を対象に林業に必要な基本的技術の習得を支援する「緑の雇用」事業を実施して，林業労働力を確保する政策も実施した。

グローバル化の進展も国内の森林資源に大きな影響を与えている。中川（2012）は，図 13-7 のように日本の森林資源問題をめぐる構図を的確に整理している。世界レベルのファクターとして，木材需給・貿易，国際的な森林認証制度の 2 つに注目し，日本内部では，森林管理をめぐる 2 つの限界状況を指摘した。1 つは林業をめぐる諸市場の限界（素材市場の限界，土地市場の限界，労働市場の限界）であり，もう 1 つは森林が所在する地域の限界である。山村の限界集落化が進行すれば，地域の土地・資源管理機能の持続が危惧される。それゆえ，所有と利用の調整が不可避であり，それが可能な森林組合の役割が重要となることを指摘する。

現在,日本の森林政策は明治以来の大きな変革期を迎えている。①林業の成長産業化,②「新たな森林管理システム」，③森林環境税を 3 本柱として一気に進められつつある。森林を有す

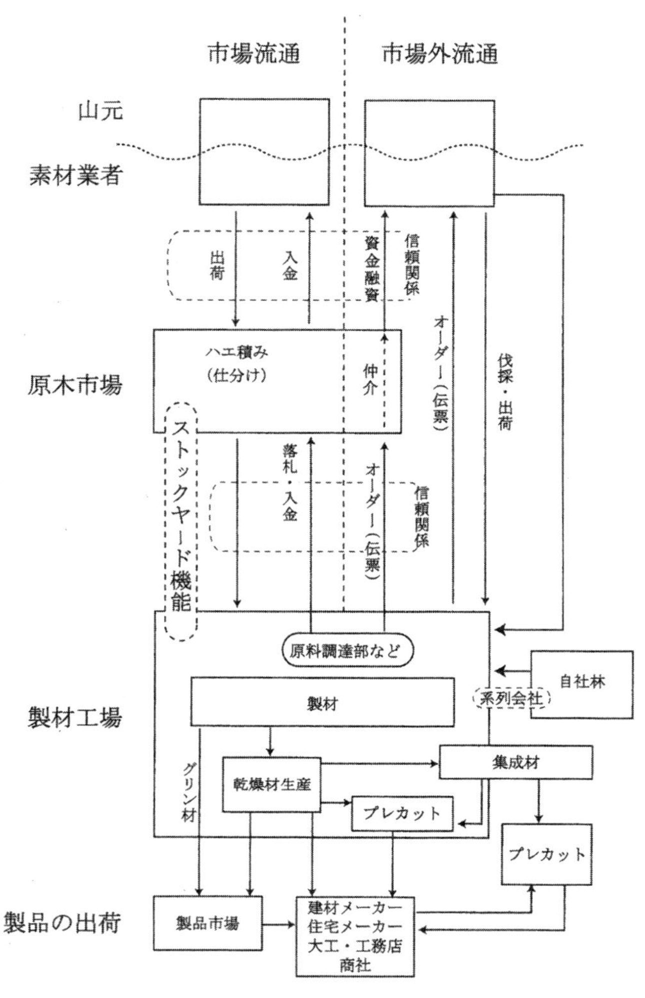

図 13-6　都城市の製材業における原木調達

（番匠谷省吾（2009）「宮崎県都城市における国産材製材業の生産構造の変化と原木供給」地理学評論 82-3）

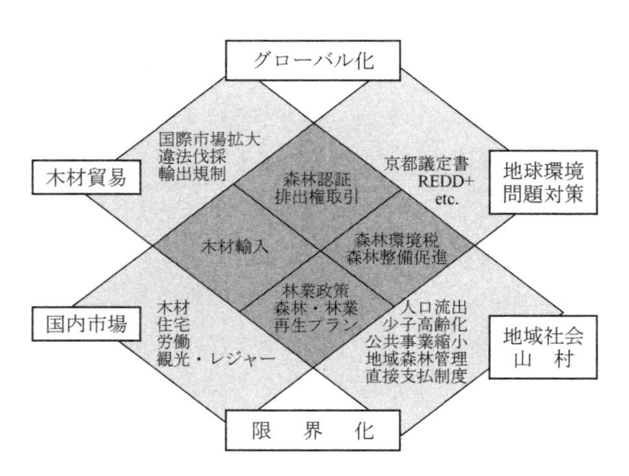

図 13-7　森林資源問題の構図

（中川秀一（2012）「グローバル化と地域森林管理」（中藤康俊・松原　宏編『現代日本の資源問題』古今書院））

る中山間地域にとって，今後の地域再生に大きく関わる政策である。林業の成長産業化と森林資源の適切な管理の両立を図るため，新たな森林経営管理制度の下，森林の経営管理の集積・集約化を推進しようとしている。しかし，そこには，森林管理を行う主体である市町村の力量，森林管理を行う前提としての森林の所有者不明や境界の未確定問題，不十分な森林の機能区分など，政策の円滑な遂行を妨げる多くの課題が山積している。写真 13-3 は，このような課題を乗り越え，市主導で森林管理システムを構築し，間伐などの施業を積極的に進めている豊田市の事例である。さらに，パリ協定の枠組みの下におけるわが国の温室効果ガス排出削減目標の達成や災害防止を図るため，森林整備等に必要な地方財源を安定的に確保する観点から，森林環境税及び森林環境譲与税が創設された。これらの財政資金の投入が日本の森林・林業をどのように変えていくか，国土政策上，また中山間地域の持続可能な発展にとっても看過できない重要課題である。

写真 13-3　市の主導により高度な森林管理を進めている豊田市の森林（稲武町小田木）（著者撮影）

3．中山間地域政策の課題－定常型社会との関連で

今後の中山間地域の持続可能な発展のあり方を展望するには，地域の環境や資源，すなわち国土利用に視野を広げていくことが求められる。今後の中山間地域のあり方は，成長でもなく衰退でもなく，自然経済の下で歴史的に形成されてきた長期の時間軸をふまえて，地域の自然・文化資源の活用と環境との共生による持続的発展の視座から展望することが求められる。この点に関わって，既に，五全総の「21 世紀の国土のグランドデザイン」（1998 年）では，多自然居住地域の創造を提起し，「豊かな低密度居住」の価値を主張している（宮口，2004)。

ここでは，この問題をさらに深めるために，広井（2001）が提起する「定常型社会」に注目したい（岡橋，2013)。この社会は「(経済）成長を絶対的な目標としなくても十分な豊かさが達成されていく社会」であり，つまり「ゼロ成長社会」とも言える。また，観点を変えれば「持続可能な福祉国家／福祉社会」であり，「個人の生活保障がしっかりとなされつつ，それが資源・環境制約とも両立しながら長期にわたって存続しうる社会」ということになる。定常型社会論は，中山間地域の持続可能な発展を支える経済基盤の創出とコミュニティ形成について多くの示唆を与える。

今日，日本の中山間地域は大きな転機を迎えている。急速に進むグローバル化がこの地域に大きな影響を与え，人口減少は中山間地域だけでなく都市部も含めた地方全体に広がりつつある。このような変化は，場合によっては中山間地域の消滅という事態をもたらしかねない。まさに，長い歴史の中で形成されてきた日本の中山間地域の持続可能性が問われる時期に来ているといえよう。

他方，中山間地域でも国の地方創生論に呼応して新たな経済成長を志向する動きもみられる。6次産業化は，中山間地域振興の1つの方策として注目に価するが，このような経済成長モデルが今後も可能かどうかは，上述の人口問題を考えると容易に判断できない。

今後の中山間地域のあり方を展望するには，上に述べた衰退論でも成長論でもない，新たな次元からの検討が必要と考える。それは，これらの地域が歴史的に形成された長期の時間軸をふまえながら，広井（2001）が提起する定常型の社会を念頭に置いた中山間地域の将来像を検討することであり，経済基盤の創出，コミュニティ形成，土地資源管理がその要となる。

定常型の社会論が中山間地域にとって持つ意義については既に岡橋（2013）で述べたが，要点のみ述べておきたい。経済基盤の創出については，定常型社会の特性に対応した産業が想定される。第1には，消費の脱物質化に対応して，情報化や「環境効率性」の追求に関わる産業が，第2には，「時間の消費」を通じて，余暇・レクリエーション，ケア，自己実現などに関わる産業が，第3には，「根源的な時間の発見」を通じてコミュニティと自然に関わる産業が，それぞれ成立可能である。また後者のコミュニティ形成については，広井（2001）は時間座標の優位のもとに各地域を一元的に捉える「時間化」の時代から各地域の地理的・風土的多様性の重要性が再認識される「空間化」の時代へと移行しつつあるとし，土地の特性による（地域）コミュニティの違いの認識や，NPOなどのミッション型コミュニティと自治会・町内会等を含む地域コミュニティの融合を提起する。そして福祉の問題を，その土地の特性（風土的特性や歴史性を含む）や，人と人との関係性の質，コミュニティのあり方，ハード面を含む空間のあり方と一体的に捉えなおすことを提唱する。最後の土地資源管理は，自然生態系に依拠して形成された地域の特性から，経済基盤の創出とコミュニティ形成の基礎に置かれるべきものであり，景観政策の重要性を示唆している。

［引用文献］

今村奈良臣（2012）「農業の6次産業化の理論と実践の課題」ARDEC47.
大内秀明（1999）『知識社会の経済学－ポスト資本主義社会の構造改革』日本評論社.
大江靖雄（2003）『農業と農村多角化の経済分析』農林統計協会.
岡橋秀典（2004）「過疎山村の変貌」（中俣　均編『国土空間と地域社会』朝倉書店）.
岡橋秀典（2007）「グローバル化時代における中山間地域農業の特性と振興への課題」経済地理学年報53-1.
岡橋秀典（2013）「定常型社会における山村の持続的発展と自然・文化資源の意義－東広島市福富町を事例として」商学論集81-4.
斎藤　修（1999）『フードシステムの革新と企業行動』農林統計協会.
中川秀一（2012）「グローバル化と地域森林管理」（中藤康俊・松原　宏編『現代日本の資源問題』古今書院）.
長谷山俊郎（1998）『農村マーケット化とは何か』農林統計協会.
番匠谷省吾（2009）「宮崎県都城市における国産材製材業の生産構造の変化と原木供給」地理学評論82-3.
広井良典（2001）『定常型社会－新しい「豊かさ」の構想－』岩波書店.
藤田佳久（1984）『現代日本の森林木材資源問題（講座　日本の国土・資源問題5）』汐文社.
藤田佳久（1986）「森林，林業と「社会的空白地域」」地理科学43-3.
藤森隆郎（2016）『林業がつくる日本の森林』築地書館.
宮口侗廸（2004）「21世紀の地域社会の創造」（中俣　均編『国土空間と地域社会』朝倉書店）.

索　引

［サ　行］

［タ　行］

［ナ　行］

［著者紹介］
岡橋秀典（おかはしひでのり）
1952 年奈良県生まれ
奈良大学文学部地理学科教授
博士（地理学）
専門分野は，農村地理学，現代インド地域研究
2006 年度に日本地理学会賞（優秀賞）を受賞
［主著］
『周辺地域の存立構造－現代山村の形成と展開－』（単著）大明堂，1997 年.
『国土空間と地域社会（シリーズ人文地理学第 9 巻）』（共著）朝倉書店，2004 年 .
『山村政策の展開と山村の変容』（共著）原書房，2011 年.
『台頭する新経済空間（シリーズ現代インド第 4 巻）』（共著）東京大学出版会，2015 年 .

現代農村の地理学

令和 2（2020）年 10 月 1 日　初版第 1 刷発行
著　者　岡橋秀典
発行者　株式会社 古今書院　橋本寿資
印刷所　株式会社 理想社
発行所　株式会社 古今書院
〒 113-0021　東京都文京区本駒込 5-16-3
Tel 03-5834-2874
振替 00100-8-35340

ISBN978-4-7722-3194-7　C3025